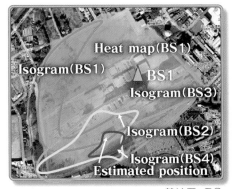

基地局：BS

口絵-1（4章）　Fingerprinting 測位（等電位推定による位置計算）

家屋調査に必要な家屋形状を着色
「赤」は未評価家屋（課税を行っていない家屋）
「　」は特定不能家屋（課税は行っているが家屋棟番号を
　　何らかの理由で特定できなかった家屋）
「緑」は面積変更家屋（課税面積と現況が異なっている家屋）

口絵-2（6章）　航空写真による固定資産税課税対象の家屋の判別
〔出典：放送大学印刷教材「生活における地理空間情報の活用（'16）」より引用〕

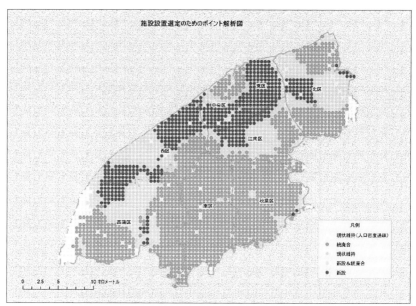

口絵-3（6章）　新潟市における人口密度と既存コミュニティ系施設配置をもとに
　　　　　　　した将来的な施設整備の優先順位付け

〔出典：http://www.city.niigata.lg.jp/shisei/soshiki/soshikiinfo/toshiseisaku/gis.files/v3_2_
110521.pdf〕

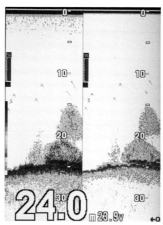

口絵-9（11章）　魚群探知機の表示画面〔画像提供：本多電子〕

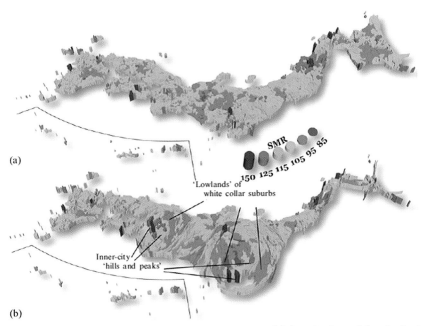

Figure 1. [In colour online, see http://dx.doi.org/10.1068/a4320] Prismatic views of Standardized Mortality Ratio (SMR) distribution in Japan (male, 1998–2002): (a) conventional cartography based on Lambert conformal conic projection, (b) excess death volumes based on population cartogram. The information on regional numbers of deaths is obtained from the Japanese vital statistics. SMRs are geographically smoothed by spatial empirical Bayes estimation for the mapping.

口絵-4（9章）　日本における市区町村別死亡リスクの3次元表現（1998-2002
　　　　　　　年，男性）

〔出典：Nakaya, T. 2010. "'Geomorphology' of population health in Japan: looking through the cartogram lens." *Environment and Planning A*, 42(12), 2807-2808.〕

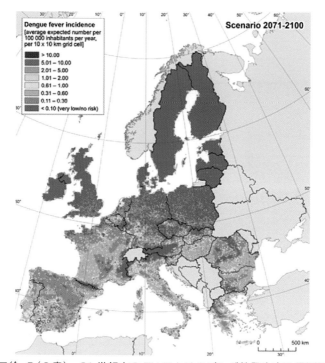

口絵-5（9章）　21世紀末のEUにおけるデング熱発生率の予測図

〔出典：Bouzid, M., F.J. Colón-González, T. Lung, I.R. Lake, and P.R. Hunter. 2014. "Climate change and the emergence of vector-borne diseases in Europe: Case study of dengue fever. *BMC Public Health*, 14：781.〕

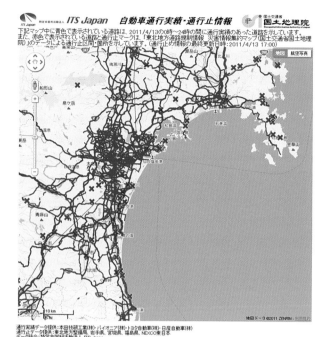

口絵-6（10章）　ITS Japan による「自動車・通行実績情報マップ」
〔出典：http://www.its-jp.org/saigai/〕

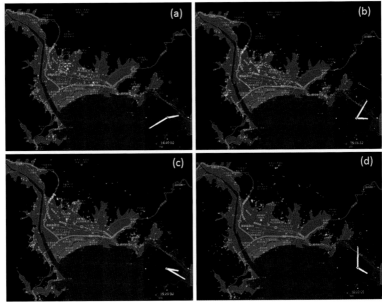

口絵-7（10章）　震災復興支援アーカイブ中の聞き取り調査である「避難経路（個人）」から震災当日の陸前高田市の避難状況を動画にしたもの（関本ら[9]より）

（グレーは「浸水区域」。(a)は地震前の日常の活動状況，(b)は地震直後にさまざまな所に避難しようとしている状況，(c)は津波が来る直前，(d)はおおむね避難区域外や建物の高層階に避難が終わっている状況を表している。また，本動画は以下 URL で公開されている。http://www.youtube.com/watch?v=nNZxGq70Q_U）

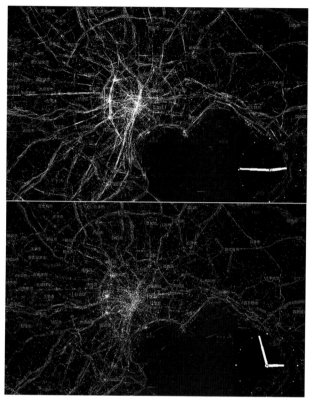

口絵-8(10章)　携帯 GPS データを用いた震災当日の首都圏の流動状況
(関本ら「9」から引用：上：震災直前 14：45 の状況，下：震災直後 14：57 の状況，さまざ
まな方向へ向かう動きが減り，動きを示す点の数自体も減った状況)

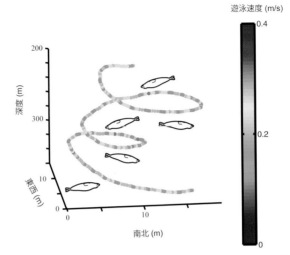

口絵-10(12 章)　水中におけるキタゾウアザラシの移動軌跡

〔出典：Yoko Mitani, Russel D. Andrews, Katsufumi Sato, Akiko Kato, Yasuhiko Naito and Daniel P. Costa. 3D resting behaviour of northern elephant seals: drifting like a falling leaf. Biology Letters 6：163-166, 2010〕

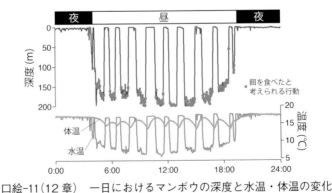

口絵-11(12 章)　一日におけるマンボウの深度と水温・体温の変化

〔出典：Itsumi Nakamura, Yusuke Goto, Katsufumi Sato, Ocean sunfish rewarm at the surface after deep excursions to forage for siphonophores, J. Anim. Ecol., 84, 3, 590-603, 2015〕

地理空間情報の基礎と活用

川原靖弘・関本義秀

地理空間情報の基礎と活用（'22）

©2022　川原靖弘・関本義秀

装丁・ブックデザイン：畑中　猛

o-22

まえがき

　みなさんは「地理空間情報」と聞いたときにイメージできるだろうか？　「地理」はわかる，「情報」もわかる。「空間」は？？　最近では実世界の空間に関する情報を「空間情報」と呼ぶようになっていて，地理も付くと「地理空間情報」で，英語では"geospatial information"となる。

　数年前の Nature 誌によると，雇用を創出する三大重要科学技術分野として，バイオ，ナノテクと並び，地理空間情報技術が挙げられており，近年の進展が著しい。この分野の一つの大きな起源は，都市や土地利用の分析のために 1967 年にカナダで開発され，その後急速に広まった「地理情報システム（Geographic Information System：GIS）」である。これはその成り立ち上，応用システムの一つと見なされることもあったが，その後，GPS（Global Positioning System）によるリアルタイムな位置情報と組み合わせたカーナビゲーションシステムが 1980 年代に生み出されることにより，徐々に「実世界を扱う総合的な情報科学」の色彩を帯びていくことになる。その後の 2000 年代以降のさまざまな Web 上の地図アプリケーションの広がりについてはみなさんも容易に想像できるだろう。また，日本の 1995 年の阪神淡路大震災，2011 年の東日本大震災や 2020 年以降の COVID-19 など，大災害をきっかけに大きく進歩した技術もある。

　このように実世界をキーとして技術的側面と利用側面がお互いに刺激しながら進化しつつ，「地理空間情報科学」としては体系化の途上かもしれない。しかし概ね，技術的側面では，さまざまなものの位置や状態を計測する測量学・計数工学，その測ったものを地球の座標で管理し表

4

現する地理学・地学，図形情報の効率的な処理を目指すソフトウェア工学・データ工学・オペレーションズリサーチ，最近では携帯端末やセンサー利用の観点で通信工学などがベースになりつつ，利用側面では，都市，交通，防災，娯楽，保健・医療，農林水産業，文化，生態，地形などほぼすべての領域で活用されていると言うことができるだろう。これは，学ぶ側からすれば自分の関心領域だけでも活用できる手軽な側面もありつつ，自分の知らなかった面を気づかせてくれる面白さ，深遠さ，未知の可能性があるとも言えるのではないだろうか。

　本書ではこうした地理空間情報が持つ多様性，ダイナミズムがあることを体感しつつも，個別のテーマではなるべく詳細に学習できるように，第2章から第5章までは基礎的な技術的側面，第6章以降は個別分野の応用的な側面に分けて記載し，できるだけ網羅的にカバーすることに留意したが，それでも書ききれなかったものについてはひとえに著者らの責任である。また，放送教材についても補完的な役割として，本書で盛り込めなかった時空間データによるアニメーション，インタビュー，ロケなどの映像を盛り込んでいるので，是非両者を参照して頂きたい。

　最後に，本書を含む「地理空間情報の基礎と活用（'22）」の講義準備にあたっては，放送大学教育振興会のスタッフ諸氏，放送大学の吉田直久プロデューサー，（株）NHK エデュケーショナルの菅野優子ディレクター，（株）OFFICE BELIEVE の佐治真規子アナウンサーなど多くの方のお世話になった。記して感謝したい。

2022 年 1 月

川原　靖弘

関本　義秀

目次 |

1 | 地理空間情報の基礎と活用

川原靖弘・関本義秀

《**目標＆ポイント**》 地理空間情報の定義について理解し，その表現方法の基本について学ぶ。また，静的な情報から時間情報を含む動的な情報も含まれる地理空間情報の活用について，時代のニーズもふまえて，本書で扱うものを概観する。

《**キーワード**》 地理空間情報，座標系，測地系，緯度，経度

1．地理空間情報とは

（1） 地理空間情報の利用

　日常生活において，位置に紐付けされた情報を利用する機会は多い。街頭地図を見て現在地を知る。天気予報の地図で雨がいつ降りそうか確認する。目的地の位置を地図上で把握し，そこまでの経路を確認するなど，目的に関連する情報の書き込まれている地図を参照することで，位置を伴った情報を利用している。近年の，インターネット，そして携帯電話やスマートフォンなどの携帯情報通信端末の普及により，日常生活におけるこれらの作業は，電子地図を利用して行われることも多くなった。情報通信端末のディスプレイをスクロールするだけで，世界中の地図がシームレスに閲覧でき，地図に埋め込まれた情報を必要に応じて得ることができる。また，このような電子地図の普及により，目的に応じた地図を選択し，その場の状況に応じて必要な情報を地図上に表示することもできる地図も，日常的に利用できるようになった。このような利

用を実現しているカーナビや Google マップなどのサービスは，運転ま
たはインターネットを利用する大多数の生活者にとってなじみ深いもの
となった。このような位置を伴う情報のことを地理空間情報と呼び，地
理空間情報活用推進基本法において，空間上の特定の地点や区域の位置
を示す情報，およびこの情報に関連付けられた情報と定義されている。
このような情報がどのように作り出されるか，また利用者にどのように
提示され，利用されるのか，本講義を通して解説していく。

（2）地球の座標

　地球上の位置は緯度・経度で表される。緯度は赤道を 0 度とし，南北
をそれぞれ 90 度に分け，北を北緯，南を南緯として数える。経度は本
初子午線を 0 度とし，東西をそれぞれ 180 度に分け，東を東経，西を西
経として数える。この緯度・経度で表す系を座標系といい，本項では，
この座標系の現在の定義のされ方について説明する。
　全地球を覆う平均海面で表した地球の形をジオイドという。ジオイド

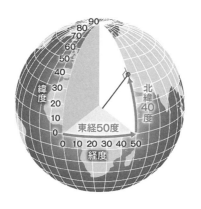

図 1−1　緯度と経度

は，重力の方向と常に直交している面で，地表に近い地殻の密度は場所によって異なっているので，起伏のある形状をしている。

　緯度・経度を決める座標系を設定するためには，地球を楕円体として考えるのが都合が良く，ジオイドによく近似する地球楕円体が定義されている。今日，座標系を世界共通で使用するために，この地球楕円体の中心は，地球の重心と一致させている。この地球楕円体をもとに，北極と赤道の本初子午線上に軸をとり，緯度・経度を引いたものが世界測地系である。

　つまり，測地系は，地球上の位置を緯度・経度で表すための基準であり，世界測地系とは，世界共通で測地系を使用するために，原点と地球の重心を一致させている。各国が使用する世界測地系において，使用する準拠楕円体と地心直交座標系が決められている。GPS などの衛星測位システムで使われている準拠楕円体は，WGS 84 と呼ばれるもので，用いる地心直交座標系も WGS 84 というものである。

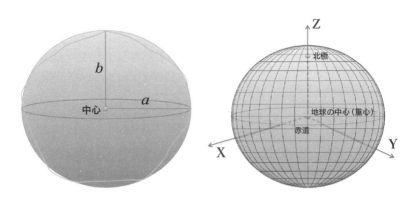

図1-2　地球楕円体と座標系

12

（3）日本の測地系

　日本では，2002年まで日本の経緯度原点と緯度・経度が一致する地球楕円体である，Bessel 1841を使用しており，このときの測地系を日本測地系と呼んでいる。国内の測量には問題がなかった楕円体を採用しており，楕円体の地球との関係は**図1-3**のようなイメージで，地球の重心と楕円体の中心は一致していない。

　2002年になり，宇宙測地技術の進展によるより正確な世界測地系の構築とグローバル化に伴う世界測地系の必要性を背景に，日本が採用する測地系が，日本測地系から世界測地系に移行された。この年から，地方自治体等が行う測量や，地図・GIS用地図データベースの作成，法令・告示の経度・緯度表示などについては，世界測地系に基づき行っている。世界測地系で採用している地球楕円体は，GRS 80 というもので，使用開始時の地心直交座標系は，ITRF 94 であった。2012年に東日本大震災によって大規模な地殻変動が発生したことにより改訂が行われ，東日本と北陸地方において，地心直交座標系にITRF 2008 が採用されている。改訂後の測地系は，「測地成果2011」と呼ばれている。

　国内においても，日本測地系で表される緯度・経度は，世界測地系で表される同地点の緯度・経度とずれが生じる。例えば，日本測地系の緯度・経度で表されている地点を，世界測地系の緯度・経度で表すと，東

経緯度原点

Bessel
地球楕円体

世界測地系の
地球楕円体

図1-3　日本の測地系が参照していた地球楕円体

京付近では，緯度が約 + 12 秒，経度が約 − 12 秒変化する。これを距離
に換算すると，北西方向へ約 450 m のずれとなる。したがって，国内
の測地系の異なる地図を用いて位置の比較等をするときなどは，測地系
の統一を行う必要がある。

（4）測量と測位

　地図を作るためには，地球上の地形や人工物の形状を測る必要があ
る。地球上の自然や人工物の位置関係を測定し，数値や図面で表すこと
を測量という。中心が地球の重心と一致した地球楕円体をもとに，北極
と赤道の本初子午線上に軸をとり，緯度・経度を引いたものが世界測地
系で，その緯度・経度座標のことを地心直交座標という。測地系は，地
球上の位置を緯度・経度で表すための基準であり，世界測地系では，世
界共通で測地系を使用するために，原点と地球の重心を一致させてい
る。

　静止物体や移動体の位置を測定することを測位という。測位技術は，
天体観測技術の発展や羅針盤の発明などにより進化してきた。大航海時
代における航海による測位と測量により，この時代に世界地図が作成さ
れている。20 世紀に入ると，電波を用いた測位技術が利用されるよう
になり，陸上から，船舶の位置や航空機の位置を把握するために利用さ
れてきた。20 世紀後半になると，測位を行うための衛星（GNSS 衛星）
が打ち上げられ，複数の衛星の電波を利用することで，数メートルから
数十メートルの精度で電波受信機の位置を推定することが可能になっ
た。開発当初は米国の軍事用に用いられていた GPS（Global
Positioning System，全地球測位システム）は，複数の衛星からの時刻
信号と軌道情報を受信することにより，3 次元の位置決定を行うことが
でき，日常生活で誰でも無償で利用できるようになっている。

　衛星や航空機から測量を行う技術に，写真測量やリモートセンシング
がある。リモートセンシングは，航空機や人工衛星に搭載した，電磁波
測定装置を利用することにより，位置情報を伴う広域の情報を得る方法
であり，測定した電磁波を分光し重ね合わせたりすることにより，地上
や海上の情報を推定する。土地利用や海洋状況の推定など，農業，林
業，水産業，行政計画など，さまざまな分野で利用されている。

（5）地理空間情報の活用と本書の構成

　本書では，生活空間のさまざまな分野で利活用されている地理空間情
報の利用方法，生成方法，関連する技術を15の章を通して解説する。
第2章から第5章において，測量，地理空間情報の基本構造や扱い方，
測位方法，そしてリモートセンシングについて紹介する。第6章から第
13章において，さまざまな分野における地理空間情報の利活用につい
て，目的，技術，情報機器の利用形態などの視点から，その方法につい
て解説する。第13章では，利活用の海外事例や国際協力に焦点を当
て，グローバルな視点での事例を紹介する。第14章では，地理空間情
報のオープンデータに注目し，その利用の現状について解説する。第
15章では，センシングや情報処理の先端技術を用いた地理空間情報利
用の試みや現状を紹介し，プライバシー保護の問題も含む今後の地理空
間情報の利活用について考える。

2. さまざまな分野における利活用

　この節では，本書で扱う分野における地理空間情報の利活用について
概観する。

（1）都市施設や土地の管理における活用

　都市は，道路，地下埋設物，建物，土地をはじめとしてさまざまな構成要素があるが，これらの要素の管理と都市計画には，地理空間情報の活用が有効である。例えば，多くの都市では，航空写真が活用され，地図上での家屋の移動を把握し，建物や土地の管理が行われている。本書では，第6章において，都市施設管理や都市計画という観点から，地理空間情報を扱い都市を俯瞰する方法を解説する。

（2）交通システムや移動体における活用

　日常生活シーンにおける移動体の位置情報の活用は，カーナビの利用を通して多くの生活者に認知されている。カーナビと連携した自動車交通システムも含め，鉄道やバスの交通システムでも，移動体および人の動きを捉えるために，移動体の地理空間情報が活用されている。またGPSを搭載した携帯情報通信端末と通信インフラの整備により，利用者の移動の可視化が可能になっている。第7章では，交通システムや携帯端末データを活用して人々の動きを捉える際の技術とその変遷を俯瞰し，位置情報を取り巻く個人情報の取り扱いや今後のあり方についても考える。

（3）犯罪予防における活用

　犯罪は，限られた特定のエリアや時間帯に集中して発生する。そのため，犯罪研究や犯罪予防において，地理空間情報は有効に活用できる。第8章では，犯罪発生状況の可視化，犯罪にかかわる環境要因についての分析，犯罪予測など，地理空間情報を活用した安心・安全のための研究・取り組みについて解説する。

16

（4）保健，医療における活用

保健・医療分野においても，地理空間情報は活用されている。疾病の発生数を地図に描いた疾病地図は，人口分布や環境のデータとともにGIS（Geographic Information System，地理情報システム）で解析され，疾病の発生や拡がりの予防に役立てることが可能である。保健・医療サービスにおいても，その効率的な提供のためのアクセシビリティや需要の解析に，地理空間情報が活用できる。本書の第9章において，疾病の空間分布，保健・医療サービスの空間配置，人を取り巻く環境に焦点をあて，地理空間情報を活用したアプローチについて解説する。

（5）災害時における活用

災害において，地理空間情報は，災害の予知，災害時の緊急対応，災害後の復興支援，災害の記録，それぞれのフェーズにおいて，有効に活用されている。例えば，災害時の携帯情報通信端末の位置情報をモニタリングすることで，刻々と変化する人の流動を捉えることができ，避難経路の確保や交通整理に役立つ。本書では，第10章において，阪神淡路大震災から東日本大震災の歴史とともに近年のCOVID-19への対応を含め，災害に包括的に対応するための地理空間情報の活用について，情報技術利用の側面から俯瞰する。

（6）農業，林業，海洋管理における活用

農業において，地理空間情報は多面的に活用されつつある。行政による土地利用の調査，生産者による圃場使用状況の管理，作物生育状況のモニタリング，生育に伴い変化する作物が含有する成分のセンシング，施肥を行った時期や場所の管理，大規模農場における，農業機器による作業の位置記録や，農業機械による刈り取りの順番や効率的な施設利用

の計画などに地理空間情報が活用されている。第 11 章では，農業に加え，林業，海洋管理における地理空間情報の活用方法について，リモートセンシング技術の利用を中心に解説する。

（7）行動，生態，文化財調査における活用

　情報通信機器やセンサの小型化，省電力化により，人が常時携帯する機器や動物に装着したセンサを利用し，行動や生理情報を地理空間情報とともに記録することが可能になっている。これらの情報は，行動認識や生態調査に利用されている。さらに過去の時代の生活習慣や生態の推定を行うために，考古学分野では，遺跡の地理空間情報化が行われている。第 12 章では，これらを実現するための技術や地理空間情報の活用方法について事例を交えながら解説する。

3.　まとめ

　本章では，地理空間情報の定義について理解し，その表現方法の基本について解説した。また，静的な情報から時間情報を含む動的な情報も利用する地理空間情報の活用について，時代のニーズもふまえて，本書で扱うものを概観した。

2 │ 地図・測量の歴史と地球の座標

瀬戸寿一

《目標＆ポイント》　現在の地理空間情報は，主に地球上の緯度，経度，高度
により決定される。本章では，測量や地図の歴史について解説し，日本にお
ける測量基準点と現代の測量方法について述べる。また，アーカイブとして
の地図や GIS（地理情報システム）の基本について解説する。
《キーワード》　測地系，座標系，アーカイブ，GIS

1．地球を測る

（1）測地測量の歴史

　正確な縮尺による地図を作製するためには，地球上の自然や人工物の
位置関係や面積などを測定し，数値や図面で表すための測量を行う必要
がある。測量の歴史を紐解く際に頻繁に語られるのが，地球球体説を実
証したアリストテレスの後，紀元前 200 年頃のエラトステネスによる地
球全周の長さの計算にまで遡る。エラトステネスは，エジプトのシエネ
において，夏至の日の正午，地上の影が消え深い井戸の底にも日光が届
くという現象を用いて，シエネから約 925 km 北にあるアレキサンドリ
アの太陽の差し込む角度を測った。その結果，図 2-1 にあるように，
測った弧度と弧長を用いて地球の全周を計算すると，実際の大きさとの
誤差は，地球の外周が 4 万 km として約 15-6 ％だったという。
　2 世紀にアレクサンドリアの天文学者としても活躍したプトレマイオ
スが，地球上の諸地点を決定するための手法を記し，地球の円周を 360

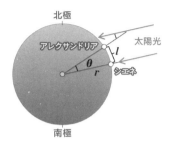

図2-1　エラトステネスによる地球周長の計算

度に等分した経緯線を用いることを始めた。さらに，球体としての地球
を平面上の地図に表すための投影図法を考案し，現在の西洋を中心に全
世界の4分の1程度が描かれた半球図を描き，これが中世にかけて地図
の基礎となった。

　その後，西洋では大航海時代を迎える15世紀頃にかけてさまざまな
世界地図が作製され，アフリカの喜望峰の入ったヘンリクス・マルテル
スの世界地図や，現存最古の地球儀といわれるマルティン・ベハイムの
地球儀（1492年）などが代表例となった。この頃には，地形や地名に
加え，旅行記・探検記による土地の情報が記されるようになり，世界地
図に日本も描かれるようになった。

　プトレマイオス以来，近代測量・地図において大きく貢献したとされ
るのが，ゲラルデゥス・メルカトルによる1569年に記された世界地図
である（**図2-2**）。地図は長方形で，経線と緯線は直交する直線で描か
れていることが特徴であった。この図は赤道から離れるほど，すなわち
高緯度になるにつれて緯線の間隔を伸ばして表現せざるを得ず，陸地面
積にひずみが生じてしまう性質がある。その代わり，航海での利用を想
定されていたため，等角航路は直線で表される正角円筒図法（メルカト
ル図法）による地図として，長らく海図などで使われることとなる。

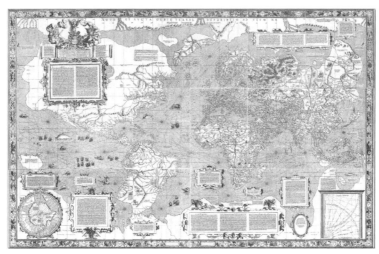

図2-2　メルカトルによる世界地図（1569年）

　近代測量においてもう一つの重要な技術が三角測量であり，ヴィレブ
ロルト・スネル（スネリウス）によって1617年頃に開発された。三角
測量は，水平位置を求める際に，三角形の原理を用いて角度を測ること
により，間接的に長い距離を測定する測量方法である。フランスでは
カッシニ一族により，三角測量に基づく地形図が大規模に作成され
「カッシニ図」とも言われている。

　ジャック・カッシニは1735年から8年間に及ぶフランス学士院の調
査によって，エクアドル・ラップランドへ派遣され，緯度1度あたりの
子午線の長さを，高緯度地と低緯度地で精密に測定した。この測量調査
により高緯度地の方が長いことがわかり，地球が回転楕円体であると証
明された。また，現在でも長さの基本単位として用いられる「メート
ル」は，1795年に北極から赤道までの子午線の1000万分の1を1mと
することがフランスで定義された。その後1870年代には，寸法の基準

を一定にするために酸化や摩擦の少ない素材である白金イリジウム合金からメートル原器が作られ，1875年にパリで世界共通の計量単位制度を目指した国際法のメートル条約が締結されるに至った。

（2）緯度・経度と標高の測量

　日本では，国内における測量のための位置座標を定める基準点として，緯度・経度と高度に関して，すべての測量の基準となる原点が1点ずつ設けられている。これらはそれぞれ日本経緯度原点，日本水準原点と呼ばれる。経緯度原点は，東経139度44分28秒8869，北緯35度39分29秒1572の地点に設けられており，住所は東京都港区麻布台2丁目18番1（旧東京天文台跡）である。この原点は，世界的に共通で利用される位置の基準系である世界測地系に基づいている。この地点から測量することにより，全国に複数の基準位置，三角点が設置されている。

　次に高さを決める基準として土地の高さを示す標高は，東京湾の平均海面を0mとして測られている。東京湾の平均海面を基準とした標高地を地上に固定するために設置されたものが日本水準原点で，1891（明治24）年に東京都千代田区永田町の国会前庭北地区内（当時の参謀本部陸地測量部構内）に設置された。

　日本水準原点は，経年変化による高さの変動が生じないようにローマ神殿様式の建造物として造られ，2019（令和元）年には国の重要指定文化財に指定されたもので，神奈川県三浦市三崎にある油壺験潮場からの水準測量を実施し標高24.500mと定められた。しかし，日本では度重なる大地震の発生に伴う地殻変動を経て，2011（平成23）年の東北地方太平洋沖地震の発生に伴い，現在の標高は24.3900mに改定された。全国の主要な道路沿い，約2km間隔で設置されている水準点の高さは，この日本水準原点に基づいて水準測量により決められており，全国

に約 17,000 あるとされている水準点が，その地域の土地の高さを精密に求める上で基準となっている。

　日本の緯度・経度を高い精度で計測する測量方法が三角測量であり，日本全体を約 40 km 間隔でカバーする 1 等三角点網で約 1,000 点が 1915（大正 4）年までにほぼ設置された。三角測量は，3 km ～ 10 km 離れた平坦な場所にある 2 点間の距離を正確に測った後，もう 1 点を加えた三角形を作り，三角形の内角を測る。これから正弦定理を用いてこの 1 辺と内角から位置が未知の三角形の頂点を計算で求める。この後，さらに点を増やして三角形の内角を測り，三角形の網を作り，三角形の各点の位置を求めていくことを繰り返す（図 2-3）。

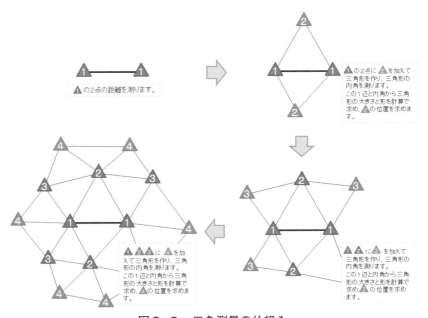

図2-3　三角測量の仕組み
〔出典：国土地理院ホームページより〕

（3）測量技術の発展と人工衛星

　現在でも測量の基準として行われる三角測量は，1970 年代になると光波を利用した測距儀が実用化され，各辺の直線距離を正確に測り，三角点の位置をより正確に求める三辺測量が行えるようになった。光波測距儀は，レーザ光を反射板に照射し戻ってくる波を計測することにより，照射器と反射板の間の長さを定めるものである。この長さは，**図2-4**の式で表されるように，波長に往復の波の個数をかけ，位相差を足して2で割ることで求められるが，波の数は直接計測できないので，波長の異なる複数の変調派を発射し，位相差を測定することで求める。

　長さ（距離）を測定する仕組みは，21 世紀に入り，より精度の高い測量を行うために，GNSS 測量に置き換われるようになった。GNSS は，Global Navigation Satellite Systems の略で，その代表例として GPS（Global Positioning System の略で米国政府が開発したものを指す）や，GLONASS，Galileo などの人工衛星測位システムの総称である。GNSS 測量は，3 次元の高精度測量が可能となり，測量作業も軽減化・効率化が図れるため，今日の測地測量の主流となっている（第4章・第5章を参照）。

　これを支える技術として，日本では全国約 1,300 ヶ所に GNSS からの電波を1秒ごとに連続的に受信できる基準点が設置されている。これ

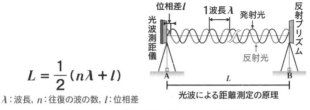

$$L = \frac{1}{2}(n\lambda + l)$$

λ：波長，n：往復の波の数，l：位相差

図2-4　光波測距儀による測距

を電子基準点といい，経度，緯度，楕円体高が正確に求められ，多くの測量に利用されている。電子基準点による観測データは，国土交通省国土地理院へ常時送信され，インターネットを通じて一般に提供されている。また，電子基準点の正確な位置や地殻変動も常に観測されているため，東北太平洋沖地震の発生時に，宮城県石巻市に設置された電子基準点が東南東方向へ約 5.3 m 動き，約 1.2 m 沈下したことが判明した。

　GNSS 測量は，地球上空を旋回する GNSS 衛星から送られる電波を利用して，座標を求める高精度な測量方法である。測定点に据え付けた受信機で上空からの電波を受信するため，地上からの測量で問題となる測点間の見通しの確保や天候の良し悪しは無関係である。例えば，GPS 受信機は，GPS 衛星の軌道と衛星からの電波到達速度を計算し，複数の衛星の情報を用いて受信機の位置を特定する。各衛星との擬似距離 ℓ は電波の到達時間に光速を掛けることで求まる（図2-5）。

　日本の準天頂衛星「みちびき」は，米国の GPS と同様に衛星から電波を発信し位置情報を計算することができるもので，地球の自転と同期しながら日本の上空からオーストラリアにかけての上空を 8 の字を描くように移動する軌道を持つ衛星である（図2-6）。みちびきは，2018

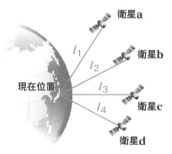

図2-5　GPS 受信機を用いた測量

みちびきの軌道

図 2−6　みちびきの軌道
〔出典：内閣府「みちびきの軌道」ホームページ〕

年 11 月より 4 機体制で運用を開始し，2024 年度には 7 機体制となることが計画され，日本国内の安定的な位置情報測位を目指している。

　GNSS 測量によって算出される座標値は，一般的に米国が構築・維持している世界測地系の WGS84 座標系で表される。この WGS84 座標系と ITRF（国際地球基準）座標系は，ともに原点が地球の中心と一致する座標系で，ほとんど同一のものとなっている。計算に用いる複数の電波の時間差は，秒速 30 万 km で飛ぶ電波の速度を考えるとごくわずかである。その差を求めるには，各衛星は精密な時刻を同期する必要があり，各衛星は原子時計を搭載している。

2. 地図を使った表現

（1）地図の投影法と座標系

　地球上で特定の位置を定める上で，前項のみちびきや WGS84 に代表されるような地理座標系は，世界の座標や日本全国の範囲などを統一的な方法で表すことができる。しかし，この座標系のみで狭い範囲の面

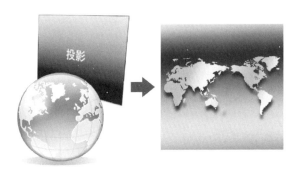

図2-7　地図投影の概念

積・距離を正確に測定し，平面の地図を用いて表現する場合は，楕円体の形状である地球を平面上に変換して映し出す必要があり，投影法と適切な座標系を組み合わせて表現することが望ましい。

　ここで用いられる方法は，地図投影法（**図2-7**）と呼ばれているが，以下では，日本や世界地図として代表的な図法とその特徴を簡単に述べる。

・メルカトル図法（正角円筒図法）：世界地図等でよく用いられる地図の図法で，経緯線を垂直線と水平線で表す正角円筒図法とも呼ばれる。地球表面のすべての部分の角度が正しく表され，船の航路線を直線で表すことができるため，現在でも海図に用いられている。ただし，極に近くなると図が大きくなる特徴がある。

・モルワイデ図法（擬円筒正積図法）：擬似的な楕円形の形状で表される図法で，極に近い地方の形のゆがみが少なく，世界の気温などの分布図などで用いられる。

・ボンヌ図法（擬円錐正積図法）：モルワイデ図法と同様に正積図法の一種で，緯線は等間隔で，経線は中央経線を直線とし，それ以外は，各緯線を等しい長さに切る曲線で描かれる。特に，中緯度地方を描くのに適し，大陸図や地方図に用いられる。

・正距方位図法：図の中心から他の 1 地点を結ぶ直線が，図の中心からの正しい方位，かつ最短経路を表す図法である。例えば飛行機の最短経路や方位を調べるために使われ，国際連合の国連旗は北極点を中心とした同図法で描かれたものである。

　次に，日本国内での平面上の地図に際してよく使われる座標系についていくつか紹介する。

・UTM 座標系：UTM とはユニバーサル横メルカトルの略で，メルカトル図法を元に，特に都道府県単位で距離や面積を計算する際に用いられる。ひずみが少ない範囲として，経度 6 度の幅を 1 つの座標系の単位（経度帯）として設定することで，南緯 80 度から北緯 84 度まで，世界の広い範囲をカバーする特徴を持っている。日本でも地形図の図法として採用され 51 帯から 56 帯を使用している。

・平面直角座標系：主に日本の公共測量で採用されており，日本全国を 19 のゾーン（系）に分類し，各座標系の原点の緯度・経度（例えば第 1 系の原点は，東経 129 度 30 分 0 秒，北緯 33 度 0 分 0 秒）を定め，その座標値を X＝0.000 m，Y＝0.000 m と定義するものである。国土基本図と呼ばれる縮尺 5000 分の 1 以上の地図作製や，地方自治体における地籍調査や都市計画基礎調査などに用いられる（第 6 章を参照）。

　ところで日常生活において地図で何かを調べようと考えた際に，今日ではインターネット上の電子地図を使うことが一般的になった。特にスマートフォンで地図を利用しようとすると，Google Maps や Apple マップなどスマートフォンの OS に対応した地図を選択することが多い。例えば，Google では早くから Web メルカトルという手法が用いられ，Wcb ブラウザのズームレベルごとにタイル状に分割されたベースマップをデータとして配信することに取り組み，国土地理院でも同様の方法で「地理院タイル」が提供されている（第3章を参照）。

（2）日本における地図作製とアーカイブ

　ここで日本における地図作製の歴史を簡単に振り返ると，三好（2006）によれば，古くは行基図と称される日本全国の地図が長らく使われ，近世に入ると 16 世紀中頃の西洋製地図の伝来および江戸時代の出版文化の隆盛が契機となった。特に，豊臣秀吉によって命じられた太閤検地以降，国絵図の作成が始まった。これは，江戸時代に入っても続けられ，幕府により正保・元禄・天保それぞれの時期に国絵図が作成されたと伝えられている。加えて江戸幕府は，日本全土の地図作製に力を入れ，例えば長久保赤水によって緯度・経度が初めて記入されたと言われる編集図「改正日本輿地路程全図」（1779 年）や，伊能忠敬によって測量され，その後高橋景保によって作製された「大日本沿海輿地全図」（1821 年）が刊行されるようになった。また，都市や城下町を対象とする町絵図は大坂・京都・江戸を中心に大絵図として 1600 年代中盤より刊行され，18 世紀後半になると町図や道中案内図，さらには名所図会などが版元から刊行されることで，江戸時代における多様な人々の目的に使われる私撰図として発展することとなる。

　近年，文化財をはじめとする貴重資料のデジタルアーカイブによる保

存と活用が注目されており，上記で取り上げたような日本全国の古地図
は，国立国会図書館の「デジタルコレクション（古典籍資料）」や，国
土地理院の「古地図コレクション」，さらには大学などの研究機関，博
物館・図書館等のアーカイブズにより Web を介した公開が積極的に進
められつつある。特に大規模なアーカイブとしては，2020 年 8 月より
正式公開された「ジャパンサーチ」があげられ，運営元である国立国会
図書館の所蔵分はもちろん，連携する機関のアーカイブを横断的に検索
できる。**図 2 - 8** に示すように，実際の古地図の画像と解題が記され，
関連する地図コンテンツへのリンクも示されている。

　このように，過去の年代の地図がデジタルデータとして情報化される

図2-8　ジャパンサーチに収録された日本輿地路程全図（CC-BY）
〔出典：https://jpsearch.go.jp/gallery/ndl-67gQ0Wbq2OUnQow
※新刻日本輿地路程全図は茨城県立図書館所蔵〕

状況について，若林（2009）は「古地図やその複製，さらに，通常は
『古地図』とは呼ばれないさまざまな地図が，芸術化され，物神化され
て鑑賞や収集の対象になるともいえる」と指摘し，従来の用途であった
土地の様子を表現し理解することを超え，芸術作品や地域の文化資源と
しての可能性があることを示唆している。

（3）地図のデジタル化：GIS とは

　位置や場所の属性を有するデジタルデータである地理空間情報を，総
合的に管理・加工し，視覚的な表示や情報の解析を行うシステムや技術
を，「地理情報システム（GIS：Geographic Information System）」とい
う。GIS 上で地理空間情報を加工し，分析することで，デジタル地図と
してさまざまな情報の表現をすることが可能になる。ここでは，GIS を
用いてデータがどのように表現されるのかを紹介し，第3章で具体的な
表現や処理技術について触れる。

　まず GIS は，デジタル地図上で地理空間情報に代表される各種デー
タ（属性）を埋め込むことができる。例えば，特定の地点の降雨量（数
値）や，特定の場所にいた人の分布や数を，時系列と地図で示すことが
できる。もちろん GIS を活用することで，単一の地図表現だけでなく，
複数の地図を重ねて情報を整理することができる。この重ね合わせた地
図は，レイヤと呼ばれる（図2-9）。また，地図上の特定の地点（場
所）とそれに紐付けられた情報をセットにし，表2-1のようにテーブ
ルデータとして格納することもできる。このテーブルと地図の組み合わ
せを変えることや，地図の順番を入れ替えて表現することで，地図上に
入力されている情報を比較することができる。

　なお，地図上で幾何的に表現されるデータのことを，ここでは図形
（幾何）データと総称し，テーブル内に格納され図形データと紐付いた

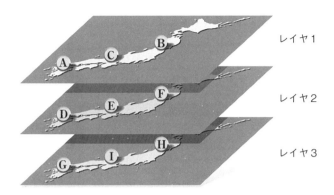

図2-9　GIS におけるレイヤと図形データの概念

表2-1　レイヤ1で表現される図ごとの属性
データの例

緯度	経度	情報
35.331254N	137.031548E	A
35.615435N	137.031545E	B
35.134580N	137.631548E	C

情報のことを属性データと呼ぶ。図形データと属性データが相互につなが
り管理されることで，地理空間情報が構成される。

　GIS 上に描かれる図形データには，大きく分けて 2 つの種類がある。
それは，ラスタ型データとベクタ型データである。ラスタ型データ（**図
2-10**）は格子状に並んだ画素（ピクセル）の集合体で表される画像
データと同様の構造をもつデータで，ピクセル単位の座標で表現され
る。地図画像や写真などの画像データを GIS の地図座標上に配置する
場合，ラスタ型データとして扱われる。

　ベクタ型データは，地理空間上に描かれる点や線，面で表されたデー
タのことである。ベクタ型データには 3 種類の形があり，それぞれ，ポ

イント（点），ライン（線），ポリゴン（面）と分類される（**図2-11**）。
ラインは線で連結された点の集合であり，連結されている順に点の座標

図2-10　ラスタ型データの例

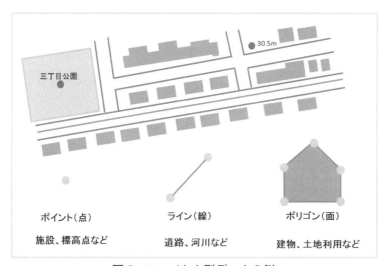

図2-11　ベクタ型データの例
〔出典：GIS実習オープン教材より〕

が位置の属性情報として付随している。ポリゴンは，ラインで囲まれた多角形で表され，位置の属性情報は，ラインで連結されている頂点の順の座標で表される。このベクタ型データは，拡大しても位置精度が変化しないことが利点であるが，境界線をもつ情報しか扱うことができない性質がある。これに対して，ラスタ型データは，連続変量（とびとびの値をとらないデータ）を扱えることが特徴で，データ構造も単純なのでコンピュータでの描画（レンダリング）も高速に行うことができるが，単位ピクセルの大きさが固定されているため，地図のスケールの変更時にそのまま使用できないこともあり，一般的にデータ量が大きくなる。なお，Web 地図サービス分野は近年大きく技術開発が進んでおり，このようなデータの特性をふまえつつ，それぞれの利点と不便さを補いながら高機能な Web 地図が日々生み出されている。

3. まとめ

　測量の歴史や基本的な地図の種類について解説し，緯度，経度，高度の決められ方について触れ，日本における測量基準点と現代の測量方法について述べた。また，インターネット時代の電子地図として広く利用されている Web メルカトル図法や GIS の基礎について解説した。

参考文献

[1] アン・ルーニー著・高作自子訳『地図の物語』（日経ナショナルジオグラフィック社．2016)

[2] 宇根寛『地図づくりの現在形―地球を測り，図を描く』（講談社選書メチエ，2021)

[3] 織田武雄『地図の歴史：世界篇・日本篇』（講談社学術文庫．2018）
[4] 三好唯義『古地図・絵図の世界』水内俊雄編『シリーズ人文地理学 8 ：歴史と空間』（朝倉書店，67-92．2006）
[5] 若林幹夫『増補・地図の想像力』（河出文庫．2009）

学習
課題

1．生活空間において，用途別に適した地図の図法について考えてみよう。
2．GIS を使った情報の整理方法や提供方法について，具体例を想定し考えてみよう。

3 | 地理空間情報のさまざまな表現と処理技術
～背後にあるビッグデータの適切な制御

関本義秀

《**目標＆ポイント**》 本章ではさまざまな地理空間情報の基本的な表現と処理のタイプについて学ぶとともに，近年のニーズにより，静的なデータだけではなく，Web での利用や時間情報を含む動的なデータを扱うことが増え，より処理が高度化していく様子を学ぶ。
《**キーワード**》 図形，属性，重ね合わせ，ジオコーディング，検索，メタデータ，地図タイル，時空間情報，標準化

1. 地理空間情報の基本的な表現方法

（1）図形と属性

　やや硬い表現だが実世界の事象を地物と呼ぶことがある。地物の情報である地理空間情報は基本的には図形と属性の組合せで表現する。さまざまな地物，すなわち，現実の道路や建物や川や樹木あるいは人や車は複雑な形であるが，多くは点や線や面をベースとした図形とそれに紐付くさまざまな属性情報で表すことができる。**図3-1**は町に存在するさまざまな施設，例えば，デパートを建物の面として，地下に埋設された光ケーブルを線として，規制標識を点として表現している。こうすることによって初めて，目で見た地図をクリックして必要な情報を見ることができるようになる。

　この基本的な表現は GIS が始まった 1970 年代から変わっておらず，これがデータ形式に沿ってファイルに保存される。ファイル形式は 1996 年に ESRI 社 ArcView2.0 で採用された Shapefile が今でも利用されている一方で，2000 年代以降のインターネット時代に合わせた Google 社の KML ファイル等，いろいろなファイル形式が考案され，国際的な標準化も行われている（標準化については 3（3）で後述）。

　上記のフォーマットは縮尺に応じた拡大・縮小可能なものとしてベクタ形式と呼ばれている。一方でカメラや衛星の画像のようなものも地理空間情報と言うことができる。これらは格子状に表現されたメッシュに，風景，地表面の状態，植物の状態，人口密度等の属性情報がリンクされラスタ形式と呼ばれ，ベクタ形式とラスタ形式はケースに応じて使い分けられる。

　また，同じ地物が同じ図形で表されるとは限らない。先ほどのデパートの形状でも地球のスケール，日本のスケール，市のスケール，自分の身の回りのスケールによって，表示の仕方が違い，これを LOD（level of detail：詳細度）と呼んでいる。

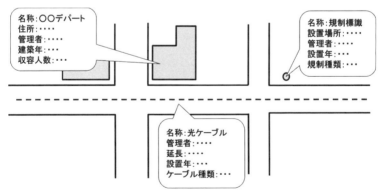

図 3-1　図形と属性による地理空間情報の表現

（2）レイヤによる重ね合わせ

　地理空間情報の面白く，わかりやすい点は，位置情報をキーにさまざまな情報が重ね合わせられる点であろう。全く性質の異なる情報でも重ね合わせることで新たなことが見えてくることがある。例えば**図3-2**は，徳島県が総合地図提供システムという Web サイトで公開しているサービスだが，これを用いて河川や鉄道，道路等を記載した背景地図と，小学校区，地すべり危険個所を重ね合わせるだけで，少し注意を要する箇所が見えてくる。必要以上に敏感になる必要はないものの，このような客観的な情報の重ね合わせに基づく冷静な判断ができることが重要と言えよう。

　また，このようなレイヤの重ね合わせは，一つのシステム内だけでなく，インターネット時代の進展にあわせ，Web 上の別々のシステムでの重ね合わせも可能で，WMS（Web Map Service）や WFS（Web Feature Service）などが，国際標準化を推進する業界団体である OGC（Open Geospatial Consortium）により 1999 年に提案された。前者はレ

図3-2　背景地図と小学校区，地すべり危険個所の重ね合わせ図
〔出典：https://maps.pref.tokushima.lg.jp/kokudo_suchi〕

イヤレベルで参照し，後者は個別の地物レベルで参照するもので，これらにより必ずしも Web に関する高度なプログラミングをしなくても重ね合わせが可能になる。実際に日本でこのようなサービスを実施しているものとして，例えば国土交通省や防災科学技術研究所などがある。

（3）地理空間情報を動かすソフトウェア

　地理空間情報を格納したファイルを操作するソフトウェアや Web システムは今ではたくさんあり，デスクトップアプリケーションとしては（1）でふれた ArcView（現在は ArcGIS）は先駆けの商用ソフトウェアとして広く普及している。その一方で近年の，オープンソースソフトウェアの普及もあり，無償ソフトウェアも増えてきた。その代表的なものが QGIS である。QGIS は 2009 年に出たばかりだが，商用ソフトとほぼ同等の機能を保持しているため，急速に普及している（図3-3）。

図3-3　QGIS の操作画面

〔出典：QGIS チュートリアルページ：https://qgis.org/ja/site/about/index.html〕

　また，WebGIS を実現するサーバソフトウェアも多数存在している。商用ソフトは ArcGIS のサーバ版をはじめとして多数存在し，無償ソフトでも MapServer,GeoServer などがあり，OpenLayer などのブラウザ上で地図を表示する JavaScript で組まれたオープンソースソフトウェアと組み合わされることが多く，用途に応じた選択肢は広がっているということが言える。

2．地理空間情報の処理技術

（1）加工技術

　前節のようにさまざまな主体によって作成された地理空間情報は利用する人によってさまざまな形に加工される。その方法はケースバイケースであるが，最近では，変換ライブラリなども増えており，簡単にできるようになってきている。ここではファイルフォーマットの変換というよりはむしろ，地理空間情報にとって必要不可欠な緯度・経度による位置情報を得るジオコーディングを紹介したい。

　上のとおり，地理空間情報にとって位置情報は必要不可欠なものであるが，すべての情報が必ずコンピュータで解釈しやすい緯度・経度で表現されているわけではない。地理空間情報は，調査・アンケートなどのように人間にとってわかりやすい形で記録・表現されることも多々あるため，住所，施設名，あるいは道路名等，慣れ親しんだ名前で表現されることがある。そのような場合は何らかコンピュータが解釈しやすいように緯度・経度に変換する必要があり，それをジオコーディング（Geocoding）と呼んでいる。

　図 3 - 4 は東京大学空間情報科学研究センターにあるアドレスマッチングサービス（https://geocode.csis.u-tokyo.ac.jp/home/csv-admatch/）のサイト情報をもとに作成したものであるが，東京 23 区内にある大学

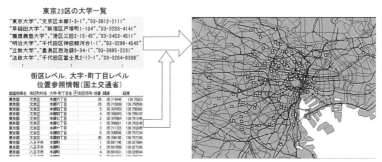

図3-4　大学一覧の地名情報をジオコーディングして緯度経度化し，マッピングしたもの

〔出典：https://geocode.csis.u-tokyo.ac.jp/home/csv-admatch/ をもとに作成〕

の大学名・住所・電話番号を記した一覧を地図上にマッピングすることは可能だろうか？　このとき，重要な役割を演じるのが地名辞典である。辞典と言うと何やら難しく聞こえるが，簡単に言えば地名と緯度・経度の対応表である。ここで用いている地名辞典は国土交通省が公開している街区レベル，大字・町丁目レベル位置参照情報と呼ばれるもので，文字どおり，全国の大字・町丁目レベル，あるいはもっと細かい街区レベルの表現と，その代表点となる緯度・経度情報が記録されている。

（2）検索技術

　一度，作成した地理空間情報はファイルやデータベースに蓄積され，さまざまな利用シーンで検索される。例えば，地図画面上でスクロールしたときに該当するエリアを表示したり，目的地までの最短経路を知りたいときなどである。こうした技術は GoogleMap 等の登場で当たり前になったが，古くは 1970 年代に Shamos らによって始まった計算幾何学に源流がある。これは，ある点の勢力範囲を求めたり，ある領域に含まれる図形をリストアップしたり，つながっているネットワークのコス

トを計算して最短経路を求めるもので，文字どおり，コンピュータ上で
図形を扱う際の計算方法や効率性を明らかにしたものである。計算幾何
学については，体系的には例えば伊理ら[1]などにわかりやすくまとめ
られている。

　例えば，**図3-5**はダッカ市内における携帯電話の各基地局の勢力圏
をボロノイ図を使って描いたものと背景に道路ネットワークを重ね合わ
せてみたものである。ボロノイ図は各点，この場合は基地局の点が任意
の点に対して最も距離が近くなるエリアを作成するもので，近隣の点に
対してそれぞれ垂直二等分線を結ぶことで作ることができるが，こうす
ることにより，道路ネットワークの密度が高く人々の密度が高そうな箇

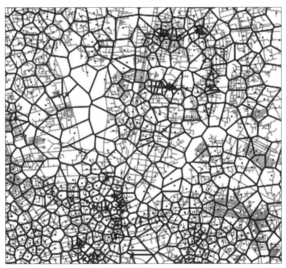

**図3-5　ボロノイダイアグラムでダッカ市内の携帯基地局の範囲を描いた
もの（点：携帯基地局位置，太線：ボロノイダイアグラム，灰色
線：道路ネットワーク）**

〔出典：関本ら（2015）[2]をもとに作成〕

所は携帯基地局の密度も高く，その分，勢力範囲が狭いことがよくわかる。

（3）Web におけるメタデータ作成技術

　コンピュータの性能が上がる一方で，データも増え，Web 化も進み，よりリアルタイムな検索結果が求められるようになってくると，あらかじめ検索しやすいように準備しておくことが重要になってくる。

　これは Web2.0 と呼ばれる Google の検索技術が世の中に広まった2000 年前後の時期である。個別の Web サイトの html ファイルからあらかじめキーワードを抜き出したりすることで，こうしたものをメタデータあるいはインデクスと言う。Google が扱うサイトは数十億ページ，そのインデクスは 100 ペタバイトに及び，構築に費やした時間は100 万時間を超えると言われており相当な量である。もちろんそれまでもデータベースにはインデキシングという技術があったが，全世界のデータを扱うための徹底した実用的な技術に主眼がある（詳細は[3]を参照のこと）。

　地理空間情報についても同じことが行われている。それぞれの道路や建物等の地理空間情報にあらかじめ行政区域のポリゴンや地域のメッシュなどのコードを付与したり，ネットワークの接続関係の付与をあらかじめ行っておくと，それに応じた検索がしやすくなる。

（4）Web における地図タイル技術

　検索におけるメタデータとは異なる概念だが，Web 上で地図を閲覧することが当たり前の時代になる中で，全体の地図情報としては詳細かつ膨大にあるものの，縮尺に応じて適切な地図を準備し，高速に表示することが重要になってきた。そうすると表示のたびに地図を切り出すの

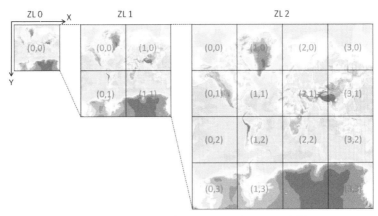

図 3-6　地図のズームレベルとタイル座標
〔出典：https://maps.gsi.go.jp/development/siyou.html〕

ではなく，縮尺（ここではズームレベルと呼んでいる）に応じて固定サイズで地図画像をあらかじめ作っておき，閲覧時にはそれらを参照する地図タイル技術が有効になる。1 枚のタイルは 256 ピクセル四方で固定であり，**図 3-6** で示すようにズームレベル 0 が地球地図全体を 1 枚のタイル，ズームレベル 1 は 4 枚のタイル，ズームレベル 2 は 16 枚のタイルで表現する。レベル 17 になると 1 ピクセルが 1 m 程度を表す。Web 表示の際には必ず特定のズームレベルを指定するので，中心座標に応じて 1 枚〜数枚のタイル画像を読込むだけで対応できる。この技術も 2005 年の GoogleMaps に合わせて Google が開発した技術であるが，現在では多くの地図サービスで使われている業界標準的な技術である。

3. 時間を含んだ移動体の表現と国際標準化

（1）時空間情報とは

　今まで，空間情報の話をしてきたが，人や車のように，時間ごとに変

44

化する地物はどのように表すだろうか。答えは簡単で時刻を付けることである。しかし今までのようにいつも空間情報は同じ場所にあることが大前提だったため，時刻の変化分だけデータが増えることとなる。例えば人の位置を1分ごとに記録すると1日分で動かない場合の1440倍になる。また，1秒ごとに記録すると86,400倍になる。スマートフォンに内蔵されているGPSチップは100Hzや200Hzと言われることが多いので，すべて記録するとさらに100倍，200倍となる。これが近年，ビッグデータと言われる所以である。

　図3-7は実際にスマートフォン内の測位機能で計測された位置座標で，屋外で移動しているときに，建物内に滞在しているときの座標が，多少の誤差を持ちつつ，記録される。

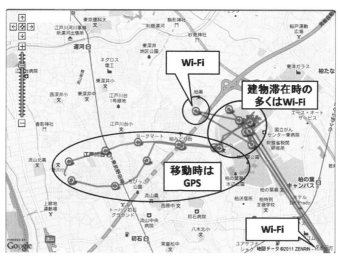

図3-7　ある人の移動，滞在状況
〔出典：関本ら（2011）[4] をもとに作成〕

（2）大規模データ処理技術

　また，時空間情報のように巨大データになった場合は，なおさら2（3）のような，検索のためのメタデータ作成技術が重要になる。例えば2011年の3月11日に東京都にいる人々の動きを知りたい場合，何もしないと，その日のすべての人のGPSデータを検索に掛ける必要がある。しかし，例えば毎日，一日の終わりにすべてのGPSデータに対して行政界とのマッチングをかけ，あらかじめメタデータとして行政コード等を振っておくと，行政コードを見て東京都に該当するものだけをすぐ取り出すことができる。Apichon（2013）[5]のケースは，約150万人×1年間のGPSデータ92億行に渡るデータを1日単位でCSVファイルに分け（合計600GByte），各行のGPSデータに対して市区町村レベル等の行政コードのインデクスを振るのに，数台のサーバ機を駆使することにより，8時間で処理している（**図3-8**）。これはHadoop[6]と呼ばれる分散処理システムを使っていることもあるが，通常のRelational Database（RDB）で空間インデクス等を付与して処理する場合に比べると，さらに150倍程度早いことが報告されている。

図3-8　GPSデータへの行政コードやメッシュコードのインデキシング

（3）地理空間情報の標準化

　最後に，本章で述べてきた地理空間情報の標準化についてもふれたい。始めに述べたように，標準化は皆が似たことを考えているなら形式を合わせようというものである。地理空間情報については，ISO（国際標準化機関）の TC211 という所で 1994 年からいわゆるデジュールの策定が，同時期に米国の非営利団体 OGC（Open Geospatial Consortium）でもデファクトの策定が始まった。当初は静的な地物の表現方法が主体だったものの，Web の普及とともに，WMS のようなものの標準化やさらには，Moving objects の標準化などにトピックが移っている。

4.　まとめ

　本章ではさまざまな地理空間情報の基本的な表現と処理のタイプについて学び，時代のニーズとともに静的なものだけではなく，時間情報を含む動的なものも範囲に入り，より処理が高度化していく様子を学んだ。

参考文献

［1］伊理正夫監修，腰塚武志編集『計算幾何学と地理情報処理』（共立出版，1986）

［2］関本義秀，樫山武浩，長谷川瑶子，金杉洋「スパースな携帯電話通話履歴を用いたリンク交通量の推定〜ダッカの事例」（交通工学論文集, Vol.1, No.4, pp.A_1 -A_8, 2015.4）

［3］Google 社 HP：
https://www.google.com/intl/ja/search/howsearchworks/how-search-works/

［4］関本義秀，Horanont, T.，柴崎亮介「解説：携帯電話を活用した人々の流動解析技術の潮流」（情報処理, Vol.52, No.12, pp.1522-1530, 2011.12）

［5］Apichon Witayangkurn, A study on human activity analysis with large scale GPS data of mobile phone using cloud computing platform, 東京大学博士論文, 2013.

［6］Hadoop: http://hadoop.apache.org/

1．ベクタ形式のデータとラスタ形式の違いは，どのように使い分けられるか考えてみよう。

2．地理空間情報に対してメタデータやインデクスを付与する必要性を考えてみよう。

3．なぜ国際標準化が始まったのか考えてみよう。

4 | 地上から，宇宙からの測位

川原靖弘

《**目標＆ポイント**》 無線を用いた測位方法について，数種の形態とその応用例を解説し，屋内測位への応用についても説明する。生活空間における測位の代名詞となっている GPS についても，仕組みを解説し，その利活用について述べる。
《**キーワード**》 無線測位，GNSS，屋内測位，自律航法，SLAM

1. 衛星を用いた測位

（1）電波航法の歴史

カーナビやスマートフォンのナビゲーション機能を利用するとき，ナビゲーションシステムは，自身の位置を把握する必要がある。本項では，電波を利用した位置情報システムの移動端末が，どのように自身の位置を把握するのか，解説する。

古くは，方角を知る道具である羅針盤や緯度を測定するための道具である六分儀が開発され，地形の目印を利用した地文航法，天体の運行を利用した天文航法などとともに，自分のいる位置を知るためのこれらを利用した技術が考案された。18 世紀になると精密時計のクロノメータが開発され，経度の測定が可能になり，地図上で自分のいる位置を確認できるようになった。

20 世紀になると，電波を利用した測位方法が考案され，航法に応用された。米国で開発された LORAN（Long Range Navigation）は，双

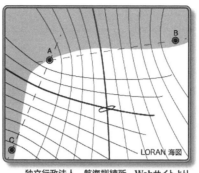

独立行政法人　航海訓練所　Webサイトより

図4-1　双曲線航法

曲線航法を使った初めての本格的な長距離電波航法システムであった。双曲線航法は，2点の電波発信機からの受信電波の受信時間差を距離に換算し，双曲線を引き，3点で描いた双曲線で交点の場所を船の位置とする測位方法である。人工衛星からの信号を利用した測位は，測定された信号のドップラ・シフトから観測者の位置を決定する方法が考案され，1960年代にNNSS（Navy Navigation Satellite System）という航法システムに応用された。この測位方法が，現代社会において測位の代名詞となっているGPS（Global Positioning System）の前駆となっている。現代において，電波を利用した測位は，航法以外に屋内や陸上における測位に応用され，さまざまな分野において実用化されている。まず，衛星を用いた測位について解説する。

（2）GNSS（Global Navigation Satellite System）

　人工衛星を利用した全世界測位システムをGNSSという。人工衛星が発信する電波を利用し，衛星の位置，電波発信の時刻と受信機に電波が到着した時刻との時間差や搬送波を解析し，受信機の緯度・経度・高

表4-1　各国の GNSS

国	GNSS の名称
米国	GPS
ロシア	GLONASS
欧州	Galileo
中国	BeiDou（北斗）
インド	NAVIC
日本	QZSS（準天頂衛星システム）

度などを割り出すシステムである。2019 年現在，測位システムに利用する衛星は複数の国から打ち上げられており，表4-1のとおり，複数の GNSS が存在する。この中でも，GPS，GLONASS，Galileo，BeiDou は，30 機程度のグローバル軌道の衛星で運用しており，全世界対応の GNSS である。早期から運用されている GPS では，米軍国防総省が管理する衛星が，高度約2万 km の6つの軌道面にそれぞれ4つ以上，約12 時間周期で地球を周回している。1993 年に民間利用に開放され，生活空間での利用においては GNSS のスタンダードとなっている。

　GPS 測位において，GPS 衛星の電波発信時刻と受信端末での受信時刻の差 t_r-t_i に電波の速度 v をかけたものが受信端末から衛星までの距離になるので，図4-2に示した上の3つの式のように3台の衛星の電波を測定すれば，受信端末の位置が推定できる。しかし，この時間差の測定には，発信時刻，受信時刻ともに原子時計並の精度が必要であり，原子時計による GPS 衛星の時刻のように高精度ではない受信端末による受信時刻の誤差 e を加味して4つの式の方程式で解を求める必要がある（図4-2）。

　GPS 衛星が発信する情報には，時刻情報，エフェメリスと呼ばれる自身の軌道情報，アルマナックと呼ばれる全 GPS 衛星の軌道情報，そ

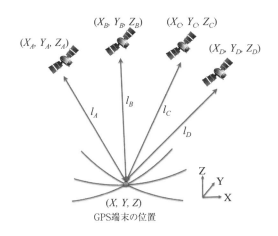

$$l_A = \sqrt{(X-X_A)^2 + (Y-Y_A)^2 + (Z-Z_A)^2} + ev = v\,(t_r - t_A)$$

$$l_B = \sqrt{(X-X_B)^2 + (Y-Y_B)^2 + (Z-Z_B)^2} + ev = v\,(t_r - t_B)$$

$$l_C = \sqrt{(X-X_C)^2 + (Y-Y_C)^2 + (Z-Z_C)^2} + ev = v\,(t_r - t_C)$$

$$l_D = \sqrt{(X-X_D)^2 + (Y-Y_D)^2 + (Z-Z_D)^2} + ev = v\,(t_r - t_D)$$

図 4-2　GPS による測位

して電離層による伝搬遅延などの補正データがある。それぞれの GPS
衛星から，25 フレームで構成されたこれらの情報が送信されており，
1 フレームの中には，5 つのサブフレームがあり，**図 4-3** のような内
容で順番に情報が送信されている。サブフレームの先頭には TLM ワー
ド，続けて HOW ワードが送信されることとされており，TLM ワード
には同期用のパターン，HOW ワードには GPS 信号の時刻情報が含ま
れている。

　受信端末は，まず，一つの衛星からアルマナックを受信し，アルマ
ナックから見える GPS を割り出し，それらの衛星からエフェメリスを
受信してから，衛星の位置を利用して測位を行う。サブフレームは 300

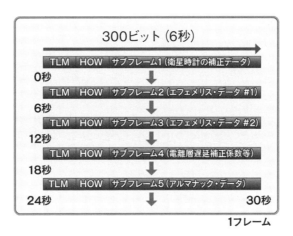

図4-3　GPS衛星の発信情報

ビットで構成されており，1ビットのデータ長は20ミリ秒である。フレーム全体で1500ビットとなり，1個のフレームの周期は30秒になる。したがって，GPSレシーバは電源投入後初期時にこれらの25フレーム分の必要なデータをすべて収集するのに12.5分かかる。受信端末が，有効なアルマナックとエフェメリスを所持している場合は，電源投入後にすぐに測位ができ，このような測定開始方法はホットスタートと呼ばれている。アルマナックやエフェメリスは，インターネットなどを通して得ることができるので，GPS機能付き携帯電話などで，公衆無線回線からあらかじめこれらの情報を取得しておくことで，ホットスタート測位が可能になる。このような測位システムは，A-GPS（Assisted GPS）と呼ばれる。

　GPSは，3次元で測位を行うので，高度も測定されるが，この高度は標高ではないことに注意をする必要がある．GPSが測位に利用する測地系はWGS84楕円体であり，GPSが測定する高度はこの準拠楕円体

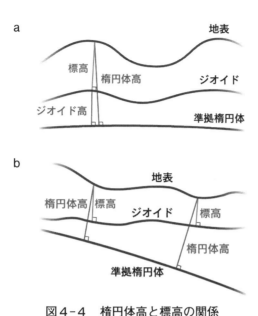

図4-4　楕円体高と標高の関係

からの高度である。この高度を楕円体高といい，標高との関係は図4-4aのようになる。GPSで測定した高度を標高に換算するためには，その場所のジオイド高を引く必要がある。例えば，このGPSの高度を水路の設置のための測量に使った場合，測定した2点の高度が図4-4bのような関係のとき，2点の標高の値は測定した高度の大小関係と逆になり，測定地点の重力値も逆に見積もられることとなり，計画どおり水が流れていかないこととなる。また，GPSは，衛星からの電波が受信できないところでは測位ができないので，高層ビル街や屋内での測位は不可能な場合が多い。さらに，携帯しながらナビゲーションに使用する場合は，GPS受信モジュールへの電力供給が必要なので，バッテリからの電力消費を考慮したナビゲーションの目的に耐えうる携帯端末設計

が必要となる。

（3）補正測位

　ここからは，GNSS 測位の精度を上げるために，用いられている手法の例を紹介する。

　DGPS（Differential GPS）測位では，位置のわかっている場所に設置した GPS 受信機（基準局）の測位結果と正しい位置との差分（誤差）を用いて，別の GPS 受信機（移動局）で新しく行う GPS 測位の結果を補正する。精度が 10 m 程度の GPS 単独測位に対し，1 m 前後の精度での測位が可能になる。

　RTK-GPS（Real-Time Kinematic GPS）測位では，上記の基準局と移動局で同時に測位を行い，観測されたデータから移動局の相対位置を算出する。この方法で移動局の測位において更なる精度の向上が実現する。

　基準局の一形態として，高精度な測量網の構築と地殻変動の監視を目的として設置されている，電子基準点がある。電子基準点は，国土地理院により全国約 1300 ヶ所に設置された GNSS 連続観測装置で，観測データをリアルタイムに民間に解放するとともに，観測データの変化を捉えることにより，地震などによる地殻変動の監視にも利用されている。最近では，民間による GNSS 連続観測局も設置されており，その有効利用を促進するために，国土地理院による精度評価と登録作業が進められている。これらの基準局の整備と観測データの利活用が測位精度向上につながり，スマート農業なども含め，さまざまなサービスの実現を促進させる。

（4）準天頂衛星

　GPS 衛星が見えにくい場所での測位に対する解決策として，準天頂衛星の運用がある。準天頂衛星システムは，日本のほぼ天頂を通る軌道を持つ衛星を複数機組み合わせた衛星システムで，常に 1 機の衛星を日本上空に配置することが可能となる。衛星がほぼ真上に位置することで，山間部や都心部の高層ビル街など，GPS 衛星の電波が測位を行うために必要な衛星数が見通せない場所や時間においても，準天頂衛星の信号を加えることによって測位ができる場所と時間帯を拡げることができる。つまり，**図 4-5** のように GPS 衛星の電波が 3 つしか受信できない場合，準天頂衛星をもう一つの GPS 衛星として組み合わせ，測位精度を向上することが可能になる。

　準天頂衛星の軌道は，**図 4-6** のように非対象の 8 の字であり，1 機の衛星が日本の真上に滞在できる時間は 7 ～ 9 時間程度である。そのため，3 機以上の準天頂衛星を時間差で入れ替えることで，24 時間日本上空をカバーすることが可能になる。2021 年現在，2010 年に打ち上げられた 1 号機「みちびき」に続き，2017 年度に 3 機が追加され，2018 年 11 月から 4 機での運用が開始された。さらに，都市部や山間部を含めて位置情報が取得できるよう，2023 年度をめどに 7 機体制での運用

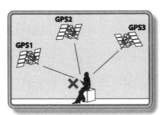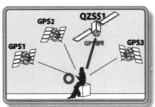

図 4-5　準天頂衛星

56

図4-6 準天頂衛星の軌道
〔出典：JAXA Web サイトより〕

が計画されている.

　今まで述べた測位方法を組み合わせることにより，サブメータ級，センチメータ級のナビゲーションが実現されることが見込まれており，屋内測位サービスとのシームレスな連動や，歩道と車道の区別などもできるようになると，自動車の自動運転技術への貢献も可能と考えられている。

2. 地上からの測位

（1）無線測位の種類

　無線を用いた位置の推定方法には，大別すると，移動端末が通信に利用する近接する一局の基地局の位置を端末位置とする方法（Proximity），移動端末と基地局の距離レンジの推定に基づいた測位（Range-based），移動端末が受信する基地局電波の受信方向を利用する方法（AOA）がある。

　Proximity は，移動端末が通信を行う，最も移動端末に近接していると思われる基地局の位置を移動端末の位置とする方法である。最もシンプルな方法だが，移動端末が通信している基地局が最も近接している基地局でない場合や基地局の設置間隔が大きい場合は，測位誤差が大きく

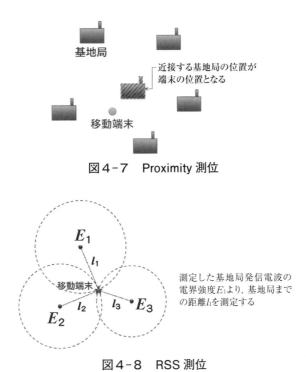

図4-7 Proximity 測位

図4-8 RSS 測位

なる。

Range-based 測位には，RSS (Received Signal Strength)，TOA (Time of Arrival)，TDOA (Time Differential of Arrival) という測位方法がある。RSS は，移動端末が測定する基地局発信電波の電界強度が，基地局からの距離に従って減衰する性質を利用し，移動端末から基地局までの距離を推定することにより位置を推定する方法である。

TOA は，基地局で，移動端末からの信号の受信時刻を測定し，複数の時刻から移動端末の位置を特定する方法で，一部の携帯電話を用いた測位に使用されている。TDOA は，3局以上の基地局で，移動端末か

58

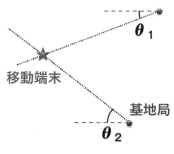

図4-9　AOA 測位

らの電波の到達時間差を測定し，移動端末の位置を推定する方法である。TOA，TDOA においては，複数検知装置間の時刻同期と正確な時間測定を行うために，基地局および移動端末に時間測定用のハードウェアを設ける必要がある。

　AOA は，基地局までの移動端末からの電波の到来方向や，複数基地局から端末に向けたビームの角度で位置推定を行う方法で，最低2局により測位ができる。基地局のアンテナに指向性を持たせる必要があり，またマルチパスの影響を大きく受けるので，生活環境における適用範囲は少ない。

（2）無線測位の応用

　受信電波強度を用いた測位は，RSS 方式と呼ばれ，移動端末が測定する基地局発信電波の電界強度が，基地局からの距離に従って減衰する性質を利用し，移動端末から基地局までの距離を推定することにより位置を推定する。図4-10 のように，すでに位置がわかっている地点の座標とそこから測位地点までの距離を使って測位地点の座標を求める方法で，携帯電話網の基地局の位置はあらかじめわかっていて，距離が遠い

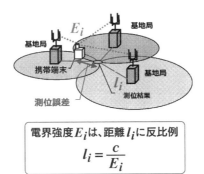

電界強度 E_i は、距離 l_i に反比例

$$l_i = \frac{c}{E_i}$$

図4-10　公衆電話網の基地局を用いた RSS 測位

ほど端末に届く電波が弱くなるので，携帯端末と基地局の距離は電波の
強さから算出できる。室内や地下でも，携帯電話が通じるところであれ
ば測位が可能だが，精度は，基地局の設置間隔に依存し，1 km 間隔の
場所では，精度は300 m 程度である。これは，基地局と移動端末の間
にある建物や地形などにより，電波の反射や回折が起こり距離の推定に
誤差が生じることによるもので，この誤差を減少させるためのさまざま
な方法が試みられている。また，携帯通信端末は，通常のデータ通信や
通話において基地局と通信をする際に，RSS 値も測定しており，携帯
電話の基地局電波を使用した RSS 測位は，測位のためだけに電力を使
うことがなく低消費電力で行うことも可能である。

　RF タグによる位置把握は，Proximity 方式により行われる。要所に
RF タグリーダを設置することで，RF タグリーダの位置が，読み取っ
たモノ等のその時点での位置となる。**図4-11** のように，商品や製品の
追跡管理，流通経路，輸送状況を把握することなどに用いられる。荷物
や商品の現在位置や，遅延状況，今後の予定を把握できれば，顧客，業
者ともに有益である。また，GPS や携帯電話基地局の活用と組み合わ

60

図4-11　RF タグを用いたモノの流通管理

せることで，よりきめ細かく位置情報を把握することも行われている。

　Fingerprinting は，測位エリアにおける基地局などの電波発信局の位置とあらかじめ測定したその場所の特徴的な電波伝搬状況，つまり fingerprint をデータベース化しておき，移動端末が測定した基地局電波強度とデータベースで利用可能な fingerprint の電波強度空間とを照合することにより測位をする方法である。

　口絵 - 1 は，fingerprint の状況を図示したもので，図中のヒートマップ（赤い部分が電波強度が強く，青い部分に向かって弱くなる）は，一つの基地局（BS1）からの電波の伝搬状況を描いたもので，あらかじめ測定してデータベースに保存されている。データベースには，各基地局の電波伝搬のヒートマップがあり，移動端末で測定された各基地局の電波強度を各基地局のヒートマップを利用して，等値線で表すことが可能になる。この等値線が重なる部分を移動端末の位置とすることで，Fingerprinting による測位精度が向上することが確かめられている。RSS 測位におけるマルチパスなどの測位誤差要因の影響の軽減に効果

がある方法である。

（3）自律航法（Dead Reckoning）

　電波を用いない測位方法に，自律航法（Dead Reckoning）がある。現代における身近な例はカーナビで，自動車運行中にトンネルに入ったときに，カーナビゲーションシステムでの衛星測位ができなくなるが，トンネルの中でもカーナビに車の自己位置が示されるのは，走行データを用いて車の位置を相対的に測位する自律航法を用いているからである。走行データは，車載されたジャイロセンサや車速パルスセンサを用いて，取得される。スマートフォンが普及した現在においては，加速度センサやジャイロセンサ等各種センサを搭載したスマートフォンが採取する人の移動状態を利用し，歩行者用の自律航法による測位（PDR；Pedestrian Dead Reckoning）が開発されている。

　自律航法が示す位置は，初期位置からの相対的な位置である。センサによって算出される移動距離および方向の情報と初期位置を用いて，自己位置を推定する。したがって，初期位置以外は，環境にあるものを用いずに搭載されたセンサの計測値のみで測位が完結する方法であるが，センサの値を用いて推定する距離と方向の値の誤差が移動とともに累積されていくのが最大の弱点である。多くの実用事例においては，無線を用いた絶対位置の測位と併用し，測位精度を保っている。

（4）屋内測位

　商用施設や，病院，倉庫などで需要のある，屋内測位の実用化が取り組まれている。屋内における無線測位では，基地局として，建物や建物内の設置物に取り付けが可能な WiFi アクセスポイントや RF タグなどが用いられる。それらの基地局の屋内位置を管理することにより，スマートフォン等で記録される各アクセスポイントの ID と RSS 値を用い

て，自己位置を推定する手法が多く使われている。屋内測位において
は，測位精度を上げるために，上記の手法を組み合わせて測位すること
が求められるシーンが多く，そのような測位のことをハイブリッド測位
と呼ぶ。

　屋内測位においては，屋内の地図が整備されておらず，自己位置に意
味を持たせるために測位と並行して屋内形状の計測を同時に行う必要が
ある場合もある。そのため，自己位置推定と環境地図作成を同時に行う
技術（SLAM，Simultaneous Localization and Mapping）が用いられ
る。SLAM では，LiDAR（レーザースキャナ）やカメラを用いて，周
辺環境の形状が計測され，環境地図が作成される。屋内測位に限らず
SLAM が有効利用できるシーンは多いが，身近な例としては，家庭用
のロボット掃除機が挙げられる。

　屋内における位置を管理するために，屋内地図に座標を設けること
で，汎用の電子地図の利用とシームレスに屋内地図の利用も可能にな
る。例えば，屋外地図に地理院地図，屋内地図に施設管理図を用い，双
方に存在するランドマークを複数選択し，双方の地図を GIS 上で重ね
ることにより，屋内地図に用いた施設管理図を地理座標系にのせること
ができる。国内でも，Google Maps や Apple のマップ，Yahoo! MAP
など，スマートフォンの電子地図に屋内の地図が存在する場所も増えて
きている。屋内地図データの標準化も策定が進んでおり，例として，
Apple の Indoor Mapping Data Format（IMDF）がある。

3. まとめ

　無線およびセンサを用いた自己位置推定方法について，数種の形態と
その応用例について説明し，生活空間における測位の代名詞となってい
る GPS についても，仕組みを解説し，その利活用について解説した。

参考文献

［1］ N. Yokoi, H. Hosaka, Y. Kawahara and K. Sakata, "High-accuracy positioning method using public wireless network based on recorded radio propagation characteristics," TENCON 2010-2010 IEEE Region 10 Conference, 2010, pp. 2356 -2360

［2］ 西尾信彦『図解よくわかる 屋内測位と位置情報』（日刊工業新聞社）

 1．GNSS 測位について，さらなる精度向上によりどのようなシーンで
活用が可能になるか考えてみよう。
2．無線測位について，紹介した方法を整理し，それぞれ活用が可能な
シーンについて考えてみよう。

5 | 宇宙からの計測
～リモートセンシング

長井正彦

《**目標＆ポイント**》　人工衛星を用いて宇宙から地球を観測するリモートセンシングの基礎的な考え方とその利用分野について学ぶ。近年の技術開発により新しい利用が進むリモートセンシング技術について学ぶ。
《**キーワード**》　リモートセンシング，地球観測衛星，衛星コンステレーション

1．リモートセンシングとは

（1）衛星リモートセンシング

　リモートセンシング（Remote Sensing）は日本語に直訳すると遠隔探査となり，離れた所から対象物を観測・計測するという意味である。身近なことに置き換えてみると，体温計を脇の下にはさんで計るのは直接計測で，空港などで人間から放射される熱エネルギーをサーモグラフィーで映像化し，直接体に触れずに体温を計測するのがリモートセンシングと言える。また，対象物の大きさを測るときに，物差しを使って直接計る方法に対し，あらかじめ大きさのわかっている物を横に置いて対比することにより，対象物に触れずに間接的に大きさを計る方法がリモートセンシングである。これらの例は，近い距離での計測であるが，衛星リモートセンシングは，人工衛星（地球観測衛星）に搭載した観測機器（センサ）により，宇宙から地上の対象物や現象に直接触れること

なく，大きさ，形，数，性質を観測する技術である。

　衛星リモートセンシング技術を使う利点はいくつかある。1 つめは，離れた場所から安全に観測できる点である。例えば，災害や紛争などの，地上からのアクセスが困難な場合でも宇宙から観測が可能である。また，アマゾンの森林破壊なども直接現地に行くことなく人工衛星を使って観測し地球温暖化の要因について考察することができる。2 つめは，広範囲を短時間に観測できる点である。2011 年の東日本大震災の際は，東日本の広範囲で被害があった。600 km 以上にわたる沿岸域の被害を地上から観測するには膨大な時間がかかるが，衛星リモートセンシングにより広範囲を一度に観測すれば被害の全容を知ることができる。3 つめは，人の目では捉えられない情報を得ることができる点である。衛星リモートセンシングでは，人間の目で見ることができる可視光線（空中写真）だけでなく，赤外線，熱赤外線，マイクロ波を使って地上を観測しているので，海面の温度や，特にマイクロ波を使えば夜間や雲を透過して雨天時にも地上を観測することもできる。4 つめは，同一地域を繰り返し観測することができる点である。衛星リモートセンシングは，50 年ほど前からのデータ蓄積があり，都市の拡大や，森林破壊，環境の変化を，全世界を対象に時系列で観測することができる。図 5-1 は，GRUS-1 衛星で撮影した 2021 年 2 月 4 日の東京の衛星画像である。繰り返し観測することで環境の変化や災害時の被害状況を知ることができる。

　衛星リモートセンシング技術は，衛星データを解析することで，災害の監視，資源管理，森林の分布，環境・気象情報や環境破壊，農業・漁業支援，インフラ監視など幅広い分野での利活用が行われている。

図5-1　GRUS-1衛星により観測された東京の衛星画像
〔出典：（株）アクセルスペース〕

（2）リモートセンシングの歴史

　衛星リモートセンシングの歴史は，航空機技術の進歩や宇宙開発と密接に関係している。古くは，19世紀中頃に，気球から空中写真を撮影したことから始まる。この時代は，観測センサを宇宙まで運ぶ技術がなかったので，気球に乗って高度上空から広範囲をカメラ撮影することから始まった。

　第一次世界大戦中になると，航空機の技術も進歩し，偵察等の軍事目的のために，多くの空中写真が撮影された。上空から写真撮影するだけでなく，写真測量による対象物の大きさの計測や地図作成など，リモートセンシングのデータ利用技術が飛躍的に進歩した。20世紀後半には，人工衛星の開発によって，衛星リモートセンシングが可能になった。その民生利用は，米国が打ち上げた1972年の「ランドサット1号（Landsat-1）」衛星の打ち上げから始まる。ランドサット1号から観測されたデータが一般に公開されたことにより，衛星リモートセンシング

が全世界に広まった。このデータは今でも利用することができ，50年
程前の地球環境を知ることができる。

　日本の衛星リモートセンシングは，1987年に打ち上げられた「もも
1号（MOS-1）」から始まる。これは，海洋，農林，環境モニタリング
を目的とした，日本の自主技術による初めての地球観測衛星である。続
いて，1992年に「ふよう1号（JERS-1）」，1996年に「みどり
（ADEOS）」が次々に打ち上げられた。これらの宇宙開発を背景に，日
本では早くからリモートセンシング技術の研究が進められ，世界的にも
高い技術を有している。2006年1月から2011年4月まで運用された陸
域観測技術衛星「だいち（ALOS）」は，東日本大震災による被害把握
に用いられ大活躍した。2014年に打ち上げられた後継機「だいち2号
（ALOS-2）」（**図5-2**）は，合成開口レーダ（SAR）により，災害監視
等のさまざまな分野で利用された。だいち3号，4号の打ち上げも計画
されている。

　近年，衛星リモートセンシングが飛躍的に進歩し，民間企業による人
工衛星の製造，打ち上げ，運用が行われるようになった。地上分解能が

図5-2　ALOS-2衛星
〔出典：宇宙航空研究開発機構（JAXA）〕

1 m 以下の高分解能画像も取得できるようになり，Google Map などのサービスを通して，衛星画像が広く一般にも浸透した。さらに，衛星の重量が 100 kg 以下の超小型衛星の開発が進んでおり，日本の超小型衛星開発は世界トップレベルにある。多くの新興国が，日本の技術支援のもと，超小型衛星の開発・打ち上げに取り組んでいる。

2. 地球観測衛星

（1）センサの種類

　地球観測衛星に搭載されるセンサは，大きく分けて光学センサ，熱赤外センサ，マイクロ波センサがある。図5-3に，リモートセンシングのセンサと観測波長を示す。光学センサは，可視光線と赤外線を観測する。太陽光が地上の物体に当たることで反射する可視光線や近赤外線をとらえて観測する方法である。この反射の強さを調べることにより，植物，森林，田畑の分布状況，河川や湖沼，市街地等といった地表の状態を知ることができる。しかし，光学センサを用いるリモートセンシングは，太陽光が当たらない夜は観測できない。また，雲があると地表で反射した太陽光は雲でさえぎられるので，雲の下は観測することができない。

　熱赤外センサは，太陽の光を浴びて暖められた地表の表面から放出される熱赤外線をとらえて観測することができる。また，火山活動や山火事などの高温域も観測することができる。放射の強さを調べることにより，ヒートアイランドなどの地表面の温度や海面温度の状況を計測することができる。熱赤外センサを用いたリモートセンシングは，雲がなければ夜でも地表を観測することができる。

　マイクロ波センサを用いたリモートセンシングは，合成開口レーダ（SAR）と呼ばれるマイクロ波を人工衛星から地表面に照射し，その反

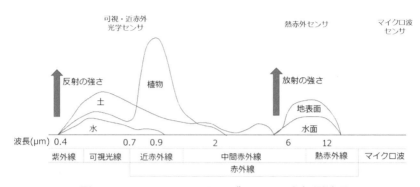

図5-3　リモートセンシングのセンサと観測波長
〔出典：山口大学〕

　射波を人工衛星で受信することで，地表面の状態を観測することができる。マイクロ波リモートセンシングは，可視光線や赤外線よりの長い波長のマイクロ波を用いているので，人工衛星から照射されたマイクロ波は雲を透過し，天候に左右されることなく，昼夜を問わず観測が行える。

（2）地球観測衛星の軌道

　リモートセンシングで用いられる地球観測衛星の軌道は，地上500 km から 600 km の高度を飛行する。高度約 36,000 km の静止軌道を飛行している静止気象衛星「ひまわり」と比較すると，地球観測衛星は非常に低い高度であるが，画像分解能を良くするには低い軌道の飛行が重要である。光学センサによるリモートセンシングの場合は，太陽光が一定に観測場所に照射していることが重要であるため，一定地方時で観測できる太陽同期軌道で飛行する（**図5-4（左）**）。さらに，同一地点の観測日数間隔を一定にするため，衛星が地球を一周するたびに，観測する地域が少しずつずれていき，数日後に再び同じ場所の上空に戻っ

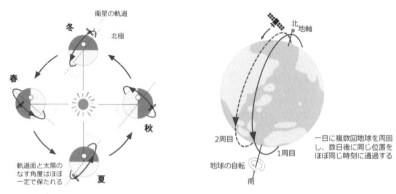

図5-4　太陽同期軌道（左）と準回帰軌道（右）
〔JAXA Web サイトを参考に山口大学作成〕

てくる準回帰軌道を飛行する（**図5-4（右）**）。多くの地球観測衛星
は，この2つの軌道を組み合わせた太陽同期準回帰軌道を飛行し正午前
後に観測される。

　一方，マイクロ波リモートセンシングでは，太陽の反射光を必要とし
ないので，昼夜に関係なく観測できる。しかし，マイクロ波を照射する
ため，必要とする電力が大きく，太陽光で常に発電できるようにするた
め，その多くで早朝や夕方に観測する太陽同期準回帰軌道が用いられ
る。

（3）リモートセンシングの利用分野

　衛星リモートセンシングの利用分野は多岐にわたる。災害の監視，
年々増えている放棄農地を調べたり，森林伐採の監視，海を航行してい
る船舶を検出したりすることもできる。
　衛星リモートセンシングは，宇宙から地球を俯瞰することができ，こ
れが衛星データの一番の強みで，大きな役割である。災害時に，被害の

伸びる ＋11.8 cm

縮む ‐11.8 cm

図5-5　だいち2号の干渉SAR解析による熊本地震の地殻変動
〔出典：山口大学〕

　概要をつかみ，緊急対応や復旧，詳細調査や活動を行うための基礎情報
として利用することができる。JAXAのだいち2号は，合成開口レー
ダ（SAR）と呼ばれるセンサで地表面を観測し，夜間や悪天候時にも
被災害の観測ができる。
　SARを利用して地殻変動を検知する干渉SAR解析という技術があ
る。同一地域を観測した2時期のSARデータの位相差を抽出して得ら
れた干渉縞を利用した解析技術である。2016年の熊本地震では，阿蘇
外輪山の西側斜面から宇土半島の先端に至る布田川断層帯の北側と南側
で，それぞれ約1mの沈降と約30cmの隆起がだいち2号から検出さ
れた。また，インドネシアのバリ島では，地下水のくみ上げ過ぎによる
地盤沈下や，東京調布市のトンネル工事に伴う地盤沈下等も，干渉
SAR解析により検出されている。

3. リモートセンシングの新しい時代

（1）リモートセンシング技術による新たなビジネス

　2017年5月に，内閣府が「宇宙産業ビジョン2030」を公表した。宇宙産業は第4次産業革命の駆動力となり，新たな産業のフロンティアとして期待を集めている。日本政府は，民間での利用を拡大し，宇宙産業全体の市場規模を，2017年の1.2兆円から，2030年までに倍増することを目指している。宇宙産業の中で，最も期待されているのが，リモートセンシング等の衛星データの利用拡大である。近年のAI（人工知能），ビッグデータ，IoT（モノのインターネット）などの革新的な技術と融合し，新たな宇宙データ利用サービスの構築が期待されている。ロケットや人工衛星の小型化による低コスト化も進んでおり，宇宙技術の利用は，今後ますます身近なものになる。

　経済産業省は，宇宙データの利用拡大の観点から，政府衛星データの公開と無償化および衛星データ利用の環境整備について検討している。今後は，衛星データへのアクセスが容易になり，少ない投資での産業創出も可能になり，新たなビジネス利用が進んでいくと考えられる。

（2）小型衛星の利用

　宇宙開発や宇宙利用の現場では，大きな変化が起こっている。その一つが，ベンチャー等の民間による宇宙開発が活発化したことである。今までの宇宙開発は，国家機関主導の研究開発が中心であったが，民間が民間の投資で衛星・ロケットを開発・運用し，政府はそのサービスを購入する時代に入った。

　特に，小型衛星の利用が世界で進んでいる。従来の地球観測衛星は，大型衛星の重量が数1,000 kgであるのに対し，小型衛星は100 kg以下

である。従来の大型な衛星と比べると，開発費用はおよそ 100 分の 1，開発期間はおよそ 2 分の 1 で済むと言われている。よって，先進国ばかりではなく，アジアの途上国等でも人工衛星の保有が可能になり，また，政府機関ではない企業や大学でも開発が可能になってきている。福井県では，県内企業の技術を使った県民衛星の開発を行い注目されている。米国では，100 社以上のベンチャーが小型衛星の開発，利用を行っており，日本においても小型衛星開発のベンチャー企業が注目を集めている。

（3）衛星コンステレーション

　人工衛星から観測した衛星データを利用し，さまざまなサービスが開発されつつある。特に，宇宙からの地上を観測する頻度が飛躍的に向上しつつあり，衛星データもビッグデータの一部として扱われるようになってきた。この飛躍的な観測頻度の向上を支えているのが衛星コンステレーションである。衛星コンステレーションとは，複数の人工衛星を連携させて一つの機能やサービスを実現する方法である。従来の衛星リモートセンシングでは，一機の大型観測衛星ですべてを観測しているため，観測周期が数週間に 1 度程度で，気象条件を考慮すると，実際に地表面を観測できるのは数ヶ月に 1 度程度になることもある。衛星コンステレーションでは，複数の衛星との協働による観測体制をつくることで，観測頻度を飛躍的に向上させることができる（**図 5 - 6**）。

　このような新しい宇宙データの利用は，技術革新による小型衛星の高性能化と低コスト化にある。日本国内では，（株）アクセルスペースが 50 機の小型衛星（GRUS 衛星）を軌道上に配置し，世界中を毎日観測できる衛星コンステレーションの構築を進めている。海外の先行事例は，米国の Planet 社が 130 機以上の小型衛星（重量約 5 kg）による衛

74

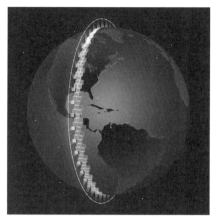

図5-6　衛星コンステレーションによる高頻度の観測
〔出典：（株）アクセルスペース〕

星コンステレーションを実現し，全球の陸域を常時撮影している。撮影
した画像の地上分解能は3mで，撮影後4-12時間でデータを提供する
サービスを開始している。

4.　まとめ

　本章では，人工衛星を用いた衛星リモートセンシングの基礎的な原理
と利用について解説した。また，最近の宇宙開発の現状と今後のリモー
トセンシング技術の発展について解説した。

参考文献

[1] 日本リモートセンシング学会「基礎からわかるリモートセンシング」(理工図書)
[2] 宇宙航空研究開発機構 (JAXA) Web サイト (https://www.jaxa.jp)
[3] (株) アクセルスペース　Web サイト (https://www.axelspace.com)

1. 衛星リモートセンシングにおける 4 つの利点から，どんな利用方法があるか考えてみよう。
2. 衛星コンステレーションによる新しいリモートセンシング技術の利用方法を考えてみよう。

6 │ 都市施設や土地の管理における活用
〜都市施設管理からスマートシティへ
関本義秀

《**目標＆ポイント**》 都市を構成するものは道路，地下埋設物，建物，土地を
はじめとしてさまざまなものがあり，データの整備・管理もさまざまである
が，それらを定型的なものから非定型なものまで，さまざまな都市計画とい
う観点で総合的に地理空間情報を扱い，都市を俯瞰する。
《**キーワード**》 都市施設情報，建物情報，土地利用情報，都市計画，コンパ
クトシティ，スマートシティ

1．地下埋設物から始まった都市施設管理

（1）ガス爆発から始まった歴史

　都市施設の管理のために地理空間情報が活用され始めたのはいつ頃だ
ろうか。日本の場合は1970年に起こった大阪の天六ガス爆発事故はそ
の一つかもしれない。天六ガス爆発事故では，大阪の天神橋筋六丁目付
近の地下のガス管の継手部分が抜け都市ガスが噴出し，引火により大爆
発が起こり，死者79名，重軽傷者420名の大参事になったと言われて
いる（図6−1）。その後，大阪ガスは事故対策と情報管理のために地図
を用いた管理システムを導入し，今に至っているが（図6−2），その過
程においても，現状の導管を把握するものから，導管計画箇所，各世帯
ごとの潜在顧客を念頭に置いた優先営業箇所へと徐々に発展を遂げて
いった。

図6-1　1970 年に起きた天六ガス爆発事故の様子
〔出典：大阪府警察 HP より〕

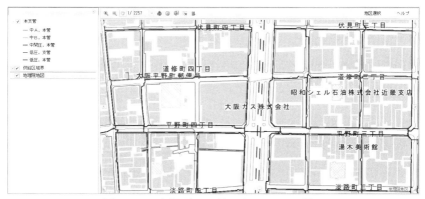

図6-2　大阪ガスの管理システムの様子
〔画像提供：大阪ガス〕

　今日では，上下水道，電力・通信ケーブル等も同様に，それぞれの事業主体が何らかの GIS で管理するとともに，共通の基盤上で管理されることも始まりつつある（例えば，道路管理センターによる道路管理システム〈http://www.roadic.or.jp/systemimage.html〉など）。

（2）道路の管理情報

　それでは，全国に張り巡らされている道路施設の管理はどうだろうか。大雑把に言えば，高速道路が約 8000 km，国が管理する直轄国道が約 2 万 km，都道府県が管理する国道や都道府県道が約 16 万 km，市町村が管理する市町村道が約 100 万 km である。道路は新しい道路を建設するだけではなく，日常的には，穴ぼこが開いたら埋めたり，ゴミが落ちていたら回収し，除雪をしたりと，それぞれ現場の道路管理者は日常の道路管理のために道路法第 28 条で作成が義務付けられている道路台帳に作業記録をするとともに，道路法施行規則の中で道路台帳付図と呼ばれる詳細図面を整備している。これを整備することは自治体が税金交付を受けるためにも必須であるにもかかわらず，電子化はあまり進んでおらず，道路台帳の場合，平成 24 年度の段階で 50.1 ％ である[1]。

　一方で，利用サイドに立つと，道路と言えばカーナビが最初であり，1981 年にホンダが「Electro gyrocator」[2] と呼ばれる世界で最初のカーナビを発売してからは GIS と言えばカーナビというくらいに一般に普及したと言えよう。その後，民間だけでなく，公共サイドもデジタル道路地図（Digital Road Map：DRM）と呼ばれるものを 1990 年代に整備を進め，VICS（Vehicle Information and Communication System）による工事通行規制，渋滞情報配信や，道路交通センサス調査等，さまざまな道路管理者の情報提供なども積極的に行うようになった（図6-3）。

図6-3　カーナビに表示された道路のさまざまな管理情報
〔出典：https://www.vics.or.jp/know/structure/example.html〕

　さらに，上記データはどちらかと言うと，ビジネスユースであり，高価であるため，一般市民からの情報発信で使うことが難しかったため，最近では，無償で整備・公開されているオープンストリートマップ（OSM）などがベースになることも増えている（詳細は第14章を参照のこと）。

（3）いろいろな都市施設のデータ

　これまで，ガス・電力・通信といった地下埋設物や道路について述べてきたが，それ以外にどういった都市施設のデータがあるだろうか。国土交通省の国土数値情報（http://nlftp.mlit.go.jp/ksj/）は，例えば公共施設というカテゴリーに全国の官公署，学校，病院，郵便局，社会福祉施設，また，交通施設のカテゴリーでも全国のバス停留所，鉄道，空港，港湾，漁港の位置と種別・名称等の情報が整備・公開されており，国のデータ基盤としても，大変貴重なものである。

　それでは，もう少し細かいもの，例えば照明柱1本1本の位置データはどうだろうか？　一般の市町村では，道路施設の一つとして照明台帳が整備されているものの，緯度経度まできちんとデータ化されているこ

図6-4　照明データを用いた例

〔出典：松田氏資料より：https://i.csis.u-tokyo.ac.jp/event/20140623/index.files/140623_
csisi_08_05.pdf〕

とはあまりないようである。しかし，最近ではスマートフォンの普及
で，市民に直接わかりやすい便利なアプリケーションを作りやすくなっ
ていることもあり，アイデアひとつでデータ化を促すこともある。図
6-4は，Night Street Advisorというスマートフォンアプリケーション
で，明石高専の学生が作ったものである。これは夜道を歩く人にとって
道の明るさを示し，なるべく明るい道を通って目的地に行けるようにし
たものである。このアプリケーションは当然，1本1本の照明柱のデー
タを必要とするが，アプリケーションの趣旨に賛同してもらい，名古屋
市から数万本の照明柱データを提供してもらい作成したものである。

2.　建物や土地の把握のために

（1）固定資産税の把握

　本節では都市を構成する建物や土地にフォーカスする。まちを経営する自治体にとっては固定資産税は地方税の中でも大きい割合を持つものである。具体的には総務大臣が定めた固定資産評価基準に基づき，3 年に 1 回，建物や土地の評価が行われ（評価替え），課税額が決まる。そうした中で，自治体サイドからすると，多くの都市では，人口に近い数の建物が存在しているため，いかにきちんと家屋の異動を把握し続けるかが重要である。すべてではないが多くの都市では，航空写真が活用されており，未評価家屋，特定不能家屋，面積変更家屋などが記録されている（図 6 - 5）。また 2007 年には，富田林市では，航空写真を用いた地図情報システムにより約 500 件の固定資産税漏れを発見し，数千万円の追徴課税が行われたこともあった[3]。

図 6 - 5　航空写真による固定資産税課税対象の家屋の判別
〔出典：放送大学印刷教材「生活における地理空間情報の活用（'16）」より引用〕

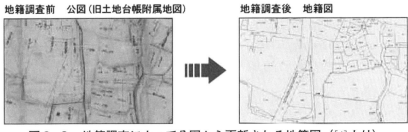

図6-6　地籍調査によって公図から更新される地籍図（[4]より）

　土地については，国土調査法に基づく地籍調査で把握を行い，具体的には，一区画（一筆）ごとに所有者，地番，地目を調査し，境界の位置と面積を測量する，いわゆる土地に関する「戸籍」調査である。半分くらいは明治時代の地租改正時に作られた地図（公図）をもとにしている古いもので，正確でないこともあるため，地籍調査が行われて，その成果が登記所に送られ，固定資産税算出の基礎情報になる（**図6-6**）[4]。

（2）不動産の取引の透明性，活性化のために

　（1）は建物や土地の主に形状の話だったが，実際には売買される市場価格も課税の際には重要なものである。その場合，いつ，どこで，いくらで，売買があったかの情報が重要になる。現在，国土交通省では，土地総合情報システム（https://www.land.mlit.go.jp/webland/）の中で不動産取引価格情報が地図とセットで公開されている（**図6-7**）。このシステムは全国で数万地点の国の公示地価，都道府県の基準地標準価格，「不動産の取引価格情報提供制度」に基づくアンケート調査（約200万件）のデータが一体的に公表されているとともに，宅建業者がやり取りしている物件の成約情報（レインズ）などとの連携も検討されている[5]。

図6-7　土地総合情報システムにおける不動産取引価格情報の検索

（3）防災のための築年数等の把握

　（1）（2）は建物の中の不動産価値にかかわる部分が多かったが防災の側面でも建物情報はキーになる。木造密集市街地の危険性などは以前から言われているが，地理空間情報により，さらにリアルになる。自治体が個別建物の築年数や材質，用途等を都市計画基礎調査で調べている例は多くないと思われるが，ある程度の推定値をもとに，地震シミュレーションなどと組み合わせることによって地域ごとの危険性（全壊率）などを出すことができる。図6-8は実際に富山市の「地域の建物危険度マップ」であり，平成22年1月時点の建物状況から地域ごとの建物の構造（木造／非木造）・築年次，各地点の揺れの大きさに基づき大規模な地震が発生したときの全壊率を算出している。

84

図6-8　建物築年数に基づく危険度マップ（富山市）
〔出典：https://www.city.toyama.toyama.jp/data/open/cnt/3/2674/1/bousaimappu_
hutyuu2.pdf〕

3. 都市計画のために

（1）都市計画基礎調査

　これまで，個別の都市施設，建物，土地等，主要構成物について述べ
てきたが，都市全体の計画・評価ではどう地理空間情報は使われるだろ
うか？　例えば都市計画法第6条に基づく都市計画基礎調査は概ね5年
に一度行われ，表6-1のように，人口，産業，都市施設，交通，環
境，災害，景観などにかかわる項目を調査することとしている。これら
はさまざまな都市計画の基礎となる情報であり，用途地域等，さまざま
な規制の結果となり，都市計画図等の図面に反映される（図6-9）。

表6-1　都市計画基礎調査の項目[6]

分類	データ項目
人口	人口規模，DID，将来人口，人口増減，通勤・通学移動，昼間人口
産業	産業・職業分類別就業者数，事業所数・従業者数・売上金額
土地利用	区域区分の状況，土地利用現況，国公有地の状況，宅地開発状況，農地転用状況，林地転用状況，新築動向，条例・協定，農林漁業関係施策適用状況
建物	建物利用現況，大規模小売店舗等の立地状況，住宅の所有関係別・立て方別世帯数
都市施設	都市施設の位置・内容等，道路の状況
交通	主要な幹線の断面交通量・混雑度・旅行速度，自動車流動量，鉄道・路面電車等の状況，バスの状況
地価	地価の状況
自然的環境等	地形・水系・地質条件，気象状況，緑の状況，レクリエーション施設の状況，動植物調査
公害および災害	災害の発生状況，防災拠点・避難場所，公害の発生状況
景観・歴史資源等	観光の状況，景観・歴史資源等の状況

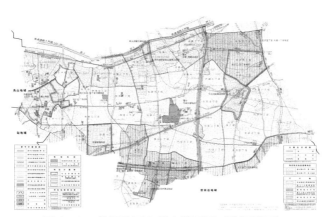

図6-9　世田谷区の都市計画図（北沢地区）

〔出典：https://www.city.setagaya.lg.jp/mokuji/sumai/001/001/d00004878_d/fil/2kitasawa.pdf〕

（2）さまざまな都市課題の解決のために

　（1）のような定型的な調査，データ整備の一方で，近年は，東日本大震災に伴う都市の復興計画の策定，少子化・人口減少に伴うコンパクトシティや空き家問題への対応等，都市の課題も時間的・空間的スケールが多様化し，時勢や地域に応じた優先順位の付け方も多様になってきた。それに応じて地理空間情報の使い方も多様かつ弾力的であることが必要に思える。

　東日本大震災では，現場対応をする東北の被災全自治体になりかわって，国土交通省都市局が「東日本大震災津波被災市街地復興支援調査」を行い，各自治体の復興計画を立案するとともに，そのための現地調査である建物をはじめとしたインフラの被災状況の悉皆調査や避難経路の聞き取り調査等を東京大学空間情報科学研究センターと共同でアーカイ

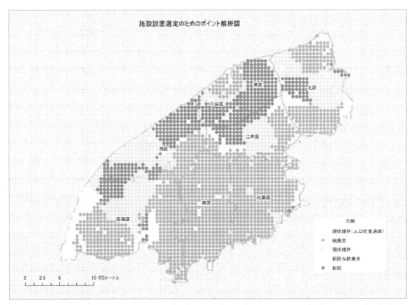

図6-10　新潟市における人口密度と既存コミュニティ系施設配置をもとにした将来的な施設整備の優先順位付け
〔出典：http://www.city.niigata.lg.jp/shisei/soshiki/soshikiinfo/toshiseisaku/gis.files/v3_2_110521.pdf〕

ブ化して（http://fukkou.csis.u-tokyo.ac.jp），公開を続けている（[7]を参照のこと。詳細は第 10 章で述べる）。

　また，コンパクトシティという側面では，既存の公共施設や居住地域のスリム化・ネットワーク化を考える必要も出てきている。例えば**図6-10** では，2009 年に新潟市が人口密度と既存コミュニティ系施設配置をもとにした将来的な施設整備の優先順位付けを，統廃合すべき地区，現状維持の地区，新設すべき地区などに分け，地図に表示している。こうした取組は国でも始まっており，都市再生特別措置法の一部が平成26 年 8 月に改正されるとともに，「都市構造の評価に関するハンドブック」が公表されている。この中でもさまざまな施設配置に伴うアクセシビリティの評価方法なども記載されている。

（3）市民と当局者で都市のデータを共有する

　もう少し突き詰めて考えると，まちづくりは，自治体の人が全責任で行うものだろうか。近年では行政で任せきりにしないで，市民自ら考えるものが増えてきている。例えば，2012 年に UCL（University College London）で始まったロンドンの CityDashboard はすでに公開されているデータを中心に，行政から提供された道路上のカメラの画像データ等もリンクされており，文字どおり，都市を概観することができる。こうしたオープンデータを活用した市民参加の取り組みは，第 14 章で詳細に述べるが，自由度を持ち，都市のあり方を変える新しい取り組みとして今後も増え，主流になっていく可能性を秘める。

　日本でも例えば，（2）で述べたコンパクトシティを考えていくにあたり，自治体等当局者からは示すことが難しい地域の長期的な将来像について，市民が当事者意識を持ちやすいように，なるべく直感的に，詳細なスケールで示したものとして My City Forecast（https://

88

mycityforecast.net/）がある（詳細は[8]を参照のこと）。これは，500mメッシュで表現された地域を現状（画面は2015年）と将来（ここでは2040年）でコンパクトシティの計画で定める立地適正化計画の有無によって，各種施設へのアクセシビリティや施設維持のためのコスト負担がどれくらい異なるかを比較するものである。具体的には各自治体ごとにオープンになっている国の国勢調査，将来人口推計データ，建物データなどを用いて，将来の人口分布を推定する。その将来人口分布に基づく人口密度によって，各都市施設を維持できるかどうか施設種別ごとに判定を行い，最後にそれらの人口分布・施設立地に加え，自治体

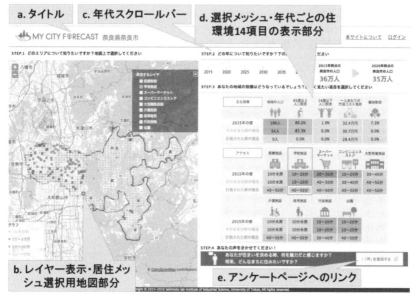

図6-11　地域の将来像を詳細なスケールで表現した My City Forecast（サイトは奈良市の例）

〔出典：https://mycityforecast.net/city.php?city=1332〕

決算情報や公共交通情報を用いて行政コストや施設へのアクセシビリティを計算する。このようなものによって，市民にとって，より当事者意識を喚起するものである。

　さらに，近年では，世界的にも3次元で都市をよりリアルに表現する取り組みが増えてきている。日本でも国土交通省都市局を中心とした PLATEAU（https://www.mlit.go.jp/plateau/）が2020年12月に公開された。本章でこれまで述べてきた建物情報の2次元ポリゴンや高さ情報やその他の属性情報を有効活用し，ブラウザ上で3次元都市モデルを俯瞰できるようになった（**図6-12**）。このようにリアルに見せることによって，より市民の関心を生むようになっていくものと思われるが，より正確なデータが求められていくため，これらをサステナブルな形でデータを維持更新していくことも今後の重要な課題である。

図6-12　国土交通省が公開した3次元デジタルツイン PLATEAU（抜粋。千代田区，中央区，港区，新宿区，文京区を建物高さで色分けして表現）

〔出典：https://www.mlit.go.jp/toshi/city_plan/content/001388017.pdf〕

4. まとめ

　本章では，都市を取り巻く，さまざまな構成物を扱う情報を俯瞰し，これまで，この分野で，地理空間情報がどのように扱われ，今後どのような形で発展していくかの考察を行った。

参考文献

[1] 総務省「平成24年地方自治情報管理概要」

[2] ホンダ「カーナビゲーションの歴史」(https://www.honda.co.jp/50years-history/challenge/1981navigationsystem/)

[3] http://www.gamenews.ne.jp/archives/2007/10/_500.html

[4] 国土交通省地籍調査Webサイト (http://www.chiseki.go.jp)

[5] 国土交通省土地・建設産業局不動産業課「不動産に係る情報ストックシステム基本構想」(平成26年3月)

[6] 国土交通省都市局「都市計画基礎調査実施要領」(平成25年6月)

[7] 関本義秀，西澤明，山田晴利，柴崎亮介，熊谷潤，樫山武浩，相良毅，嘉山陽一，大伴真吾「東日本大震災復興支援調査アーカイブ構築によるデータ流通促進」(GIS-理論と応用，Vol.21, No.2, pp.1-9, 2013.)

[8] Hasegawa, Y., Sekimoto, Y., Seto, T. and Fukushima, Y. and Maeda, M.：My City Forecast：Urban Planning Communication Tool for Citizen with National Open Data, Computers, Environment and Urban Systems, Elsevier, Vol.77, September 2019, 101255.

1. あなたの住む基礎自治体の基本的な構成物である，土地，公共施設，民間建物等のそれぞれのデータは誰が持っている可能性があり，数はどれくらいになるか考えてみよう。

2. 下水道，通信ケーブル，電力ケーブル等，複数の管理主体にまたがる道路の掘削工事がある場合，どのように情報共有を行っているか考えてみよう。

3. 行政以外の立場の人（大学や民間，一般市民等）が都市のデータを収集・提供しようとしたときに，障害になることを考えてみよう。

7 | 交通システムや移動体における活用
〜人々の動きを捉える
関本義秀

《目標＆ポイント》　本章では交通システムや携帯端末のデータ等を活用し
て，人々の動きを捉える際の技術とその変遷を俯瞰する。また，位置情報を
取り巻く個人情報の取り扱いや今後の在り方についても俯瞰する。
《キーワード》　交通，移動体，GPS，携帯端末，スマートフォン，個人情報，
行動変容

1. 交通システムにおける利用

（1）道路交通システムにおける利用
　ここではまず，道路交通システムに触れる。日本では，料金の自動収
受に関して，ETC（Electric Toll Collection）システムが1990年代に国
を中心に研究開発が行われ，2001年11月に全国の高速道路で一般利用
が開始された。車両内のETC車載器が1〜2秒程度の短時間で，道路
側のアンテナと双方向での無線通信が行えるようにDSRC（Dedicated
Short Range Communication）の通信方式を用いている（図7-1）。こ
の仕組みにより，料金所の渋滞が大幅に減ったり，日時や車種による高
速道路の料金を弾力的に変えることができるようになったりと抜本的に
変わった。その後インターチェンジの設置を効率的に進めていくため
に，スマートインターというETC専用のインターチェンジを積極的に
設置し，国土交通省によると2020年10月現在で，全国138ヶ所存在し

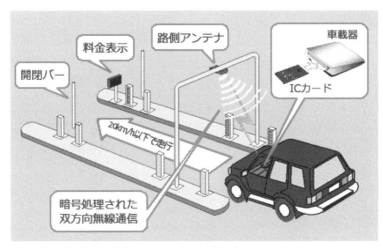

図7-1　ETC による道路交通量の計測
〔出典：https://www.its-tea.or.jp/its_etc/service_etc.html〕

ている。

　加えて日本では，同時期に並行して VICS（Vehicle Information and Communication System）という，車内に設置したビーコン受信機等をもとに通過車両を計測し，カーナビ上で渋滞を表示する仕組みも整備された。その後，国内ではホンダのインターナビや国際的には Google による Google Traffic など民間のサービスが増えてきたため，日本でも国による事業については ETC2.0 の形で一本化された。ETC2.0 はプローブカーの機能を持ち合わせ，高速道路の路側等に設置された全国 1700 ヶ所の ITS スポットと呼ばれる，センサ設置位置からアップロードされている。なお，高速道路における自動料金収受は世界でも多くの国で，DSRC を用いた仕組みが導入されている。

（2）鉄道システムにおける利用

次に，鉄道システムについて述べたい。鉄道では JR 東日本が Suica による自動改札化が前述の ETC とほぼ同時期の 1990 年代に開発され，同じ 2001 年 11 月にサービス開始がされたのは特筆すべきだろう。お互いに刺激を受けながら開発を行ってきたと推測される。Suica では，最初のテスト段階では，自動改札に対して「かざす」使い方を想定して，通信方式に高さ方向に強い準マイクロ波を採用していたが，人の自動改札通過中に通信が成立しないことが相次ぎ，横方向に強い短波を採用し，「タッチ」する方式に変更して，タッチ＆ゴー方式を確立した点が，興味深い（**図 7 - 2**）。

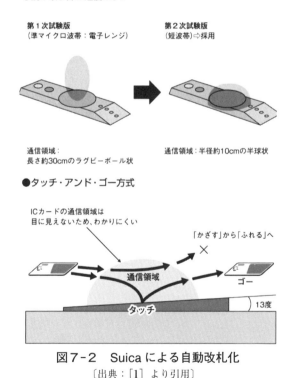

図7-2 Suica による自動改札化

〔出典：[1] より引用〕
〔画像提供：東日本旅客鉄道株式会社〕

　また，各自動改札は各駅内の管理サーバで管理されており，各駅での
データは自律分散的に管理され，その後，全国サーバで集約する形であ
る。この仕組みにより，一部の自動改札でトラブルがあった場合でもす
ぐに全国に影響を及ばさないよう，リスク管理が設計されている。実際
に，2006〜2007年に一部のメーカーの自動改札でバグによるトラブル
が発生したが，列車の運行には支障がなく行えた点なども挙げられる。
　なお，当時Suicaのような大規模システムを導入するために，目に見
える効果として，紙の切符削減による紙やインク，改札トラブルによる
職員対応時間の削減などで，初期投資が10年で元を取れる，という説
明をした点なども興味深い。その後のSuicaによる電子決済やエキナカ
ビジネスなど大きく飛躍したが，こうした部分を説得材料に用いていな
い点が大きく，組織内での新規投資における工夫かもしれない。
　海外でもICカードを用いた交通システムは広く採用されるように
なったが，一方でシステムそのものが複雑になる可能性もあるため，国
によっては罰金の仕組みを厳格にすることにより，自動改札の導入を避
けるような設計にしている国などもあり，かなり幅があると言える。

（3）バスシステムにおける利用
　バスは，道路や鉄道などに比べると，運営は個別のバス会社あるいは
地方自治体で小規模であるため，なかなかIT化が遅れがちな側面があ
る。全国に2000を超える乗合バス事業者に関して，民間ベースの時刻
表をベースにした鉄道とバスの一体的な乗換案内サービスはあるもの
の，必ずしもバス事業者自身が使いやすいデータを保有しているわけで
はない点が問題であった。しかし，近年，GTFS（General Transit
Feed Specification）を用いた全国でのバス情報の標準化の取組が行わ
れ，草の根的に整備・オープン化が行われている点を取り上げたい。

　GTFS は Google が提唱している公共交通に関する時刻や位置等に関する標準的なフォーマットであり，日本では，国土交通省が 2017 年 3 月に日本版 GTFS として，GTFS-JP を定めた。この標準化に準拠する形で，2020 年 12 月現在で 289 事業者がデータを整備・公開をしている。GTFS に沿ってデータを整備・公開する大きなメリットとしては，GoogleMap からの検索により表示される点が挙げられ，その土地に不慣れな旅行者，外国人にとっても使いやすい。しかし，それだけではなく，標準化されていることにより，ダイヤ編成ツールやデジタルサイネージでの表示等，各種システムを構築するコストが抑えられる点が挙げられる。

　前述のように，バス運営は地方都市に行くほど，財政的に厳しいことが多く，このような標準化により，ツールが共通化され，低廉に IT 化が行え，効率的に運営されることが今後望まれる。

図7-3　GTFS によるバス情報の整備状況
〔出典：https://gtfs.jp/blog/〕

2.　人々の流動における利用

（1）パーソントリップ調査データを活用した都市圏の人流再現

　1．の交通システムでの利用は各交通手段ごとに人をどのようにカウントするかが主であったが，ここでは総合的に人の動きをどのように把握するかの技術について述べたい。特に人の流動は時間情報を含む移動体として表現され，第3章で述べた時空間データである。どのように，データ取得を行うかがキーではあるが，まずは，パーソントリップ調査と呼ばれるアンケート調査を述べたい。これは日本では1967年に広島都市圏で最初に始まり，すでに50年以上の歴史を持つが**図7-4**のように紙ベースで，調査時期の典型的な平日，休日の1日の行動，主にはいくつかの目的地とその間の移動を記すものである。

　これは後で述べるGPSデータなどとは異なり，目的地単位で各トリップの起終点の概ねの地名や時刻と交通手段がわかるのみだが，サンプル率が都市圏全人口の数％程度あるため，偏りのない公的な調査として

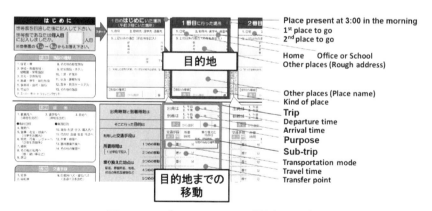

図7-4　パーソントリップ調査の調査票
〔出典：［4］をもとに作成〕

は大変貴重である。関本らは，これらを緯度経度に変換し，各トリップの起終点間を最短経路で内挿し（詳細は[4]），東京大学空間情報科学研究センター内の「人の流れプロジェクト」（https://pflow.csis.u-tokyo.ac.jp/）の中で公共に資する目的での提供を行っており，2020年現在では，国内外で36都市圏，延べ700万人分のデータを提供している。

（2）携帯端末の GPS や基地局利用データの活用

　一方で，2000年代後半のスマートフォン時代に入り，携帯端末には標準で GPS チップが搭載されるようになり，それぞれ自分の位置情報は取得が可能になっている。例えば，2011年の東日本大震災時にも，携帯電話会社との共同研究を通じて，地震の前後に急激に人々の行動変容が起こった様子がわかる（図7-5）。

　しかし，個々人の携帯端末で得られた位置情報そのものを収集することについては，次で詳しく述べるが，近年の個人情報保護の意識の高まりで，慎重に扱われるようになってきている。そのような意味では，基地局利用履歴データ（Call Detail Record：以下 CDR）は GPS とは異なり，通信時にアクセスしている基地局の位置情報と通信の開始／終了時刻データから行うものである。携帯端末の基地局は人口密度によるが，数百 m〜数 km の間隔で存在するので，その意味では個人の位置が正確に表現されているわけではないが，メッシュ等で集計することにより，ある程度人数がわかるようになっており，「モバイル空間統計」等，民間データとして商用化が進んできている。また，途上国においても，新たなセンサーの設置が必要なくなるため，CDR を使う方法は有効である。

　特に図7-6は CDR を活用して，ミャンマーのヤンゴン市における人の流動を再現したものである（詳細は[6]を参照）。CDR はあくまで

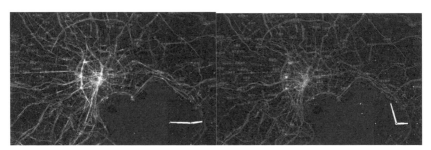

図7-5　東日本大震災前後の首都圏における人々の流動状況
〔出典：[5] より引用〕

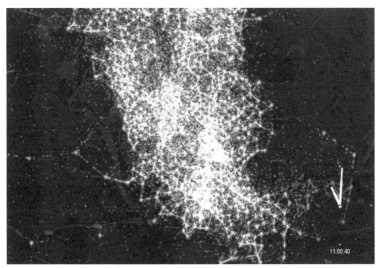

図7-6　CDR を利用したヤンゴンにおける人の流動
〔出典：[6] より引用〕

通信の開始／終了であり，移動やトリップの開始／終了を直接的に表現しないために，移動のタイミングを正確にとらえることは難しいが，少なくとも，CDR で記録されている時刻に基地局周辺に存在するという

Digital footprint としての役目と基本的にはすべての端末の情報をカバーしているため，サンプル率が GPS に比べると高いメリットがある。

（3）Suica 事件による個人情報の考え方

しかし，明るい面ばかりではなかった。一市民の目線から言えば，個人情報に該当するものもあり，プライバシーを考えると，不安なこともあるだろう。近年のビッグデータの盛り上がりの中で，2013 年 5 月の安倍首相の新成長戦略のスピーチでも「GPS は宝の山」という言葉が出たがその直後の 9 月頃に，JR の Suica データ炎上問題が出た。現行の個人情報保護法では個々人から個人情報の利用に関する許諾を取っている事業者が第三者に提供することは許可されていないため，ビジネス視点での円滑な利用を望む声とは乖離があり，双方を埋め，安全なデータ利用を進める法整備が十分ではなかったとも言える。

これを補う形で，政府の IT 総合戦略本部（本部長：安倍首相）の「パーソナルデータに関する検討会（座長：堀部政男・一橋大学名誉教授）」では，2013 年 9 月より議論を開始し，ビッグデータ時代のパーソナルデータの利活用の実態に即した見直しとして，「一定水準まで個人が特定される可能性を低減した個人データ」について新たな類型を創設。本人の同意なく第三者に提供するなどの柔軟な取り扱いを認める一方で，「事業者が負うべき義務を法定する」とした。共同利用やオプトアウトなど第三者提供の例外措置の要件の明確化や，利用目的の事後的な拡大を可能とするための手続きの整備なども行うとし，その後パブコメを経て，2014 年 12 月に個人情報保護法改正法案が公開され，2015 年 9 月に成立した。

（4）位置情報の位置づけ

　位置情報も基本的には個人情報であり，例えば携帯電話の位置情報については「電気通信事業における個人情報保護ガイドライン（最終改正平成 22 年総務省告示第 276 号）の解説」では，通話中とそれ以外で根拠が異なるものの，「（中略）プライバシーとして保護されるべき事項と考えられる。」とある（詳細は関本ら（2011）[7]でもまとめている）。

　一方で個人が位置情報から特定される，というのはどういうことだろうか？　技術的に言えば，いくつかの断片的な，時刻を含む位置情報を手掛かりとして，ある特定の誰かであると，言い切れるかどうかを意味している。もちろん，時刻を含む位置情報も時刻や位置情報の精度，解像度によって違うだろう。Nature に 2013 年に掲載された Y. A. de Montjoye らによる論文「Unique in the crowd」[8]では，基地局ベースの携帯の利用データを使って，その位置情報の空間的解像度，時間的解像度がどれくらいかによって，そこから再現する軌跡がどれくらいユニークなものかの確率を算出している。具体的に，**図 7 - 7** は個人で取得された携帯の利用データの点数が左が 4 点，右が 10 点の場合で，横軸の時間解像度，縦軸の空間解像度（基地局の集約具合）によって，特定できる確率を示している。もちろん時間，空間とも解像度が高いほど，特定される確率が高いが，どちらもそこそこの解像度よりは，時間，空間，どちらかの解像度がかなり高い場合は確率が高くなることも示している。また，**図 7 - 7** 左を見ればわかるように，4 点しかなくても，例えば時間解像度が 3 時間，空間解像度が 3 つの基地局アンテナ分で，0.7 の確率で特定されることがわかる。

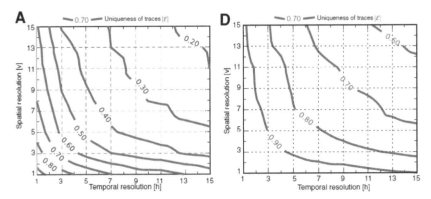

図7-7　軌跡を構成する位置データの数に応じて算出した軌跡のユニーク
性（横軸は時間解像度で概ねの取得の時間間隔。縦軸は空間解像
度で基地局のアンテナの集約度合いを表す。左は位置データが4
点のケース，右は10点のケース）

〔出典：［8］より引用〕

（5）積極的な活用のために

　今までの話は個人の情報を安全に利用するためには必要不可欠な議論
である一方で，自分自身が自分の情報を積極的に使いたいのに大変手間
がかかることもないだろうか？　例えば，何かのサービスで自分のID
を入力すると自分の利用状況などを見ることができるが，そうしたもの
は多くないし，今日の体調・健康状況や，位置情報を含めた携帯の利用
状況等，少し細かい情報となると見ることができない。また，サービス
ごとに必ず自分の情報を入力するという点なども手間である。こうした
現状に対し，積極的に自分の情報を使えるようにしたいという取り組み
として，情報銀行という，個人の情報を自己責任として管理するととも
に，各種サービス提供につなげていく取り組みも始まっている。

3. 今後の人々の移動と交通システム

(1) スマートフォンを用いた MaaS の仕組み

　本節では，今後の人々の移動や交通システムにおける地理空間情報の利用を見ていきたい。近年ではアジア地域でもモータリゼーションとスマートフォンの同時の普及で，タクシーを簡単に捕まえるためのアプリケーションも出てきた。ここでは，2012 年に創業し，マレーシア，フィリピン，タイ，シンガポール，ベトナム，インドネシアの 6 ヶ国内 17 都市でサービスを展開しているグラブタクシー（GrabTaxi Holdings）を紹介したい。

　仕組みはそれほど難しくない。スマートフォンのアプリを立ち上げ，目的地を入力すると，現在地の位置情報と合わせて付近のタクシーをすべて表示し（**図 7 - 8 a**），概略の運賃を表示してくれる。その後，予約したい旨のボタンを押すと付近のドライバーが 1 台選ばれて来てくれる。その途中でキャンセルしたり，直接ドライバーに電話することも可能である（**図 7 - 8 b**）。一方で，ドライバー側も**図 7 - 8 c** のように，車内でスマートフォンを掲げて通知に対応しやすいようになっている。肝心の手数料だが，日本円換算（2014 年時点）でマニラのケースだと約185 円，バンコクで約 90 円，シンガポールは各タクシー会社による，など地域の実情に合わせているようである。2014 年にはソフトバンクグループが 300 億円の出資をするなど話題になっており，アジアで安全なタクシーに乗るための手段としても見られることも多い。

　また，欧米では 2009 年にサンフランシスコから始まった Uber 社が有名であり，日本でも都心では一部サービスが始まっているが，各国とのタクシー関連の法律との整合性に苦しむことも多く，手探りの状態であるとも言える。

図7-8　グラブタクシーの画面や車内での利用状況
〔出典：http://www.asiatravelnote.com/2014/05/30/grabtaxi_philippines.php〕

　MaaS（Mobility as a Service）はこうした Uber や Grab のような配車アプリの延長上の，公共交通に関してスマホアプリで決済まで行えるような仕組みであり，徐々に増えていくものと思われるが，タクシー単独に比べると，会社間の乗換や接続，料金支払いなどの連携が Suica 以

上に難しくなっており，コロナ禍の移動需要減とも相まって，難しい状態となっている。

（2）自動運転と高精度地図

　一方で，自動車そのものに目を向けると自動運転に関する技術開発がかなり進んできている。多くの部分は車両側のレーダーや画像，GPS等のセンサー群で行われるが，どの程度を地図情報側でサポートするかは会社ごとの競争領域となる。

　道路における地図そのものは第 6 章で述べたようにカーナビにおけるデジタル道路地図（Digital Road Map）技術を中心に 1980〜1990 年代に日本が先頭を走っていたと言えるが，2000 年代以降，Google Maps やグローバルなナビメーカーが出てくるようになると，やや押され気味となる。

　こうした中で自動運転に合わせて，これまで一括りに地図と呼んでいたものを，ダイナミックマップとして，静的情報，准静的情報，准動的情報，動的情報等のさまざまなレイヤからなるデータとして概念化し，ニーズに応じたデータ整備・提供を考えるようになってきたのも重要なことであろう（**図 7 - 9**）。

　これらは，車が走りながらセンシングするもの，他のコンテンツプロバイダーからの配信を受けるものなど多種多様であるが，道路そのものの静的，准静的な情報は，自動運転以前に車両が安全に走れる道路を道路管理者が保っていくという意味では引き続き全世界でユニバーサルに重要な情報である。

　例えば筆者らは My City Report for Road Managers という活動を通じて，道路管理者がスマートフォンをダッシュボードに載せながら走行し，得られた画像からリアルタイムで深層学習技術を用いて道路上の

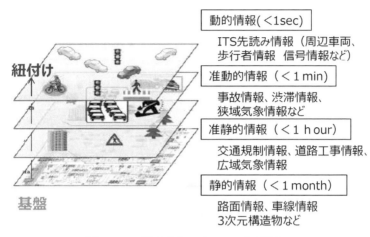

図7-9　ダイナミックマップの概念

〔出典：https://www8.cao.go.jp/cstp/gaiyo/sip/iinkai/jidousoukou_media/5kai/shiryo1-1.pdf〕

ポットフォールやひび割れを検出することなどを行っており（詳細は[9]），そうしたデータの蓄積なども重要である。

（3）人々の移動と行動変容

　一方で，そもそも今後の人の移動はどうなっていくだろうか？　これまで，将来的に人口減少が進む日本では，なるべく地域ごとに中心部に集中してコンパクトに住むべきという流れがあった。しかし，2020年に大きく世界を変えたコロナ禍では，緊急事態宣言や，繰り返す感染の波などで，経済活動は何とか保ちつつも，生活は分散・リモートワークで移動，出会いは必要最小限でという流れも生まれ，人々は複雑な制約条件の中での生活を強いられる局面となっている。

　そうした意味では，今後ともその時々で激変する環境状況の中でうま

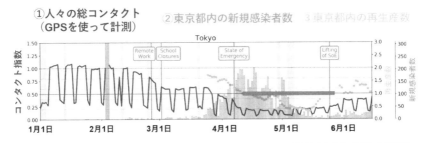

図 7 － 10　緊急事態宣言前後の人々のコンタクト状況と再生産数の関連
〔出典：［10］より引用〕

く技術を使いながら現状とその対応を広く共有すること，そのものが重要であろう。**図 7 -10** は携帯端末の GPS データをもとに 2020 年前半の緊急事態宣言前後，数ヶ月の東京の人々のコンタクト状況と再生産数を通じた感染状況の関係である。具体的には，コロナ禍以前の平常時の平日のコンタクト状況を 1 とした場合の人がコンタクトしている人数の割合をコンタクト指数とし，再生産数との関係を見ている。コンタクトそのものの定義は，自宅外の 2 ユーザが 100 m 以内の距離に 30 分以上滞在した場合，コンタクトとみなす。再生産数が 1 を超えると感染者数が増える方向に行くので（太い横線箇所），そことコンタクト指数の関係を見ると，概ね 0.25〜0.3 あたりが境界値となっている。つまり，平常時の 1/3〜1/4 程度にコンタクトを抑えることが目安とも言える。

4.　まとめ

　本章では，交通システムでの地理空間情報の活用から始まり，人々の移動全般に関する計測やその表現，今後の展望などについて述べた。

108

参考文献

[1] 椎橋章夫『ペンギンが空を飛んだ日』(交通新聞社新書)

[2] 瓜生原信輔「Suica の概要とデータ活用」東大 CSIS-i 公開シンポジウム, https://i.csis.u-tokyo.ac.jp/event/20130129/index.files/130129_csisi_04_2-2.pdf

[3] JR 東日本(株)HP「Suica 誕生までの軌跡」, http://www.jreast.co.jp/development/story/

[4] Yoshihide Sekimoto, Ryosuke Shibasaki, Hiroshi Kanasugi and Tomotaka Usui, Yasunobu Shimazaki, PFLOW：Reconstruction of people flow recycling large-scale social survey data, IEEE Pervasive Computing, Vol. 10, No. 4, pp.27-35, Oct.-Dec. 2011.

[5] 関本義秀「人の流動と時空間データセット最前線」(オペレーションズ・リサーチ誌 Vol. 58, No. 1, pp. 24-29, 2013)

[6] 関本義秀「まちづくりにおける新しいデータの活用事例」(雑誌「都市と交通」, 公益社団法人日本交通計画協会, Vol.98, pp. 17-19, 2014)

[7] 関本義秀, Horanont, T., 柴崎亮介「解説：携帯電話を活用した人々の流動解析技術の潮流」(情報処理, Vol. 52, No. 12, pp.1522-1530, 2011.12)

[8] Y. A. de Montjoye, C. A. Hidalgo, M. Verleysen, Unique in the Crowd：The privacy bounds of human mobility, Nature Scientific Reports 3, Article number：1376, 2013.

[9] Maeda, H., Sekimoto, Y., Seto, T., Kashiyama, T. and Omata, H.：Road Damage Detection and Classification Using Deep Neural Networks with Smartphone Images, Computer-Aided Civil and Infrastructure Engineering, Wiley, Vo. 33, No. 12, pp. 1127-1141, 2018.

[10] Takahiro Yabe, Kota Tsubouchi, Naoya Fujiwara, Takayuki Wada, Yoshihide Sekimoto and Satish V Ukkusuri, Non-Compulsory Measures Sufficiently Reduced Human Mobility in Tokyo during the COVID-19 Epidemic, Scientific Reports, Nature, 22 Oct. 2020.

学習 課題

1. インターネットやスマートフォンの普及前後で交通システムや人々の移動把握がどのように変わったかを考えてみよう。
2. 自分自身の位置情報を他者に提供するときにどのようなサービスを受けたいと思うかを考えてみよう。
3. コロナ禍のように，自分自身の行動をどの程度変えることにより，社会全体のリスクが低減できるかに関して，定量的な判断材料を科学的に示す必要性を考えてみよう。

8 | 犯罪予防における活用

山田育穂

《**目標＆ポイント**》 犯罪は空間的・時間的にランダムに発生するものではな
く，限られた少数のエリアや時間帯に集中する。そのため犯罪研究や犯罪予
防のための取り組みにおいて，地理的な情報は重要でありさまざまに活用さ
れている。本章ではまず，犯罪研究における地図活用の歴史を概観したあ
と，犯罪発生状況の可視化，犯罪にかかわる環境要因についての分析，犯罪
予測など，地理空間情報を活用した犯罪予防，安心・安全のための研究・取
り組みについて学ぶ。
《**キーワード**》 犯罪地図，犯罪のホットスポット，地域コミュニティの防犯
活動，犯罪にかかわる環境要因，犯罪原因論と犯罪機会論，犯罪予測システ
ム

---

1. 犯罪研究における地図利用の歴史

（1）犯罪地図

　犯罪の発生は空間的・時間的にランダムなものではなく，発生しやす
いエリアや時間帯には一定のパターンが存在する。犯罪のリスクに効果
的に対応し地域の安心・安全を守るためには，そうしたパターンを把
握・考慮することが必要である。そのため，犯罪研究においては古くか
ら地図が用いられてきた。犯罪の発生状況を地図上に示したものは犯罪
地図（crime mapping）と呼ばれる。

　犯罪地図を用いた最初期の例として，19世紀初頭に活躍したフラン
スのゲリー（A.-M. Guerry）やベルギーのケトレー（L.A.J. Quetelet）

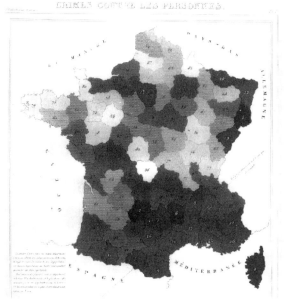

図8-1　フランスにおける身体犯犯罪率の分布
〔出典：Guerry, A.-M. (1833). *Essai sur la Statistique Morale de la France*. Paris：Crochard.〕

がしばしば挙げられる。彼らは犯罪学における地図学派と呼ばれ，いずれもフランスの県単位の犯罪発生率を地図化して，その地域差と教育水準など地域の社会経済的特性との関係を考察している。図8-1はゲリーによる身体犯（人の生命や身体を侵害する犯罪）の空間分布を示した地図である。

　地図を用いた犯罪研究は，犯罪発生と地域的要因とを結びつける理論が不十分であったこと，紙地図による分析には限界があったことなどから，その後しばらく停滞するが，シカゴ学派による犯罪の地域的なリスク要因に関する研究によって，20世紀初頭から再び注目されるようになる。シカゴ学派の研究については第2節で具体的に紹介する。

（2）コンピュータの導入

　地理的な観点からの犯罪研究にコンピュータが導入されたのは 1960
年代半ば頃とされる（原田 2009）。米国のセントルイス市警察局がパト
ロールの効率化のために小地域ごとの犯罪発生状況を地図化したのが最
初の例とされるが，当時のコンピュータ技術では画像を印刷することは
容易ではなく，文字や記号を重ね打ちすることで濃淡を表現したコロプ
レス図（第 9 章参照のこと）であったという。

　その後，グラフィック機能をもつコンピュータが登場すると，作成さ
れる犯罪地図もより高度で詳細なものへと発展していった。1980 年代
に米国イリノイ州刑事司法情報局が開発した STAC（Spatial and
Temporal Analysis of Crime；空間的・時間的な犯罪分析）と呼ばれる
コンピュータプログラムは，犯罪が集中する地点（これを犯罪のホット
スポットと呼ぶ）を検出するために役立てられた。

　1990 年代に入り，パソコンで使用できる GIS ソフトウェアが普及し
はじめたことで，犯罪研究や警察の実務でも GIS が利用されるように
なっていった。米国では司法研究所（National Institute of Justice；
NIJ）の指導の下，ジャージーシティなど 5 つの都市で GIS を活用した
薬物犯罪の地理的分析とそれに基づく警察の犯罪対策の策定を行う実証
実験が行われた。また，同時期にニューヨーク市で導入された
CompStat は，犯罪データを集計・分析した結果を地図化して警察内部
で共有し，犯罪対策のための警察活動をデータに基づいて組織的にマネ
ジメントするための試みであった（大山ほか 2017）。このような警察活
動のマネジメントへの GIS を用いた地理的分析の導入は当時の犯罪削
減に大きく貢献したとされ，第 2 節で紹介する犯罪予測の取り組みなど
につながっていくことになる。

（3）地域コミュニティにおける安心・安全のための活用

　GIS や地理空間情報が広く社会に浸透してきた現在では，地域コミュニティにおける安心・安全のための活動にもそれらが活用されるようになってきている。

　今井（2015）らのプロジェクトでは，東京都内の小学校と連携して通学路の交通安全点検を行った。このプロジェクトではまず，児童全員に対するアンケートによって児童や保護者が危険だと感じる場所を調査し，その結果を GIS で地図上に整理して，多くの人が危険だと感じている場所を抽出した。さらに，なぜ危険なのかを調査するため，PTA メンバーらがそれらの場所を訪れて動画を撮影した。そして，保護者と教職員の参加するワークショップを開催し，これらの地図や動画を見ながら通学路の交通安全の課題を共有して，その解決に向けた対策を話し合った。GIS で位置に基づいて集約することで，個人が感じる危険という抽象的な情報を多くの人が危険を感じる場所という具体的な情報に統合でき，さらにそれを地図化することによって，その特徴や周辺環境との関連性を視覚的に考察できるようになる。GIS はこのような空間的な問題について関係者間で情報を共有し，解決策を探っていこうという場面で非常に有効なツールである。

　こうした地域コミュニティの活動でしばしば課題となるのが，GIS を使うことのできる環境の整備と人材の育成である。原田（2017）はこれらの課題への対応策として，まちあるき記録作成支援ツール『聞き書きマップ』を開発して予防犯罪学推進協議会の Web サイト（http://www.skre.jp/）で公開している。これは地域の安全点検のためのまちあるきの記録を簡単に地図化できるツールで，GPS ロガーを持ってまちあるきをしながら，気付いたこと・気になったことなどを IC レコーダに口頭で録音したりデジタルカメラで写真を撮ったりしておくと，そ

れらの情報を地図上に整理することができる。防犯ボランティアや学校・PTA の活動の場で簡単に使えることが開発コンセプトのひとつであるため，特殊な機材や高価な GIS ソフトウエアを必要とせず，GIS の専門的な知識を持たない人でも容易に使用できる構造となっている。『聞き書きマップ』は小学校の安全教育やボランティアの自主防犯活動などに取り入れられ，安全マップの作成など子どもの安心・安全のための活動に貢献している。

　また，複数の主体が独自に防犯パトロールを行っているような地域で

図8-2　まちあるき記録作成支援ツール『聞き書きマップ』
〔出典：http://www.skre.jp/KGM_3100_top/KGM_top.html〕

は，互いの情報共有が不十分で空白地帯や重複が生じがちなことが課題のひとつとされる。これに対し，全体としてより効果的・効率的なパトロールを実現するために，GPS ロガーを用いてお互いのパトロール経路を地図化して共有するといった試みも行われている（原田 2009）。

2．地理空間情報のさまざまな活用

（1）犯罪の発生状況の可視化

犯罪の発生状況を可視化する犯罪地図は前述のように 19 世紀初頭から用いられるようになった手法で，現在でも広く利用されている。

日本では都道府県の警察が，Web GIS の機能を用いてインタラクティブに犯罪や事故の発生状況を確認できる犯罪地図を公開する例が増えている。**図 8-3** は警視庁が公開している犯罪情報マップで，東京都新宿区周辺における 2020 年の全刑法犯の件数を町丁目ごとに表示した例で

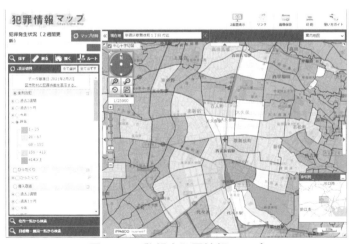

図8-3　警視庁犯罪情報マップ
〔出典：http://www2.wagmap.jp/jouhomap/Map〕

116

ある。同じく警視庁が公開する犯罪件数データ（警視庁 2021）による
と新宿区は東京 23 区中最多となっているが，犯罪情報マップからは犯
罪件数の多い町丁目は限られており，犯罪の発生は新宿駅周辺など特定
のホットスポットに集中していることが読み取れる。

　図 8-4 は大阪府警察が公開している犯罪発生マップで，個々の犯罪
の大まかな発生地点を表示した例である。町丁目で集計した地図とは異
なり地域ごとの比較は難しいが，よりミクロなスケールで犯罪が集中す
る地点を確認することができる。犯罪地図による犯罪多発地域の可視化
は警察の実務の中でも行われ，パトロールなど犯罪対策の効果・効率の
向上に役立てられてきた。ここで紹介したような Web GIS を活用した
住民への情報提供は，日本では 2000 年代以降に広がった比較的新しい
取り組みである（中谷 2016）。

　図 8-3，図 8-4 の犯罪地図は犯罪発生のデータをシンプルに地図

図8-4　大阪府警察犯罪発生マップ
〔出典：http://www.machi-info.jp/machikado/police_pref_osaka/index.jsp〕

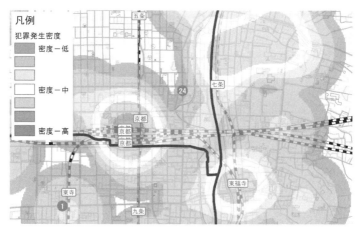

図8-5　京都府警察が公開する性犯罪発生状況を示した地図の一部（性犯
罪のうち強制性交等および強制わいせつは2次被害防止などの配
慮から含まれていない）

〔出典：http://www.pref.kyoto.jp/fukei/anzen/seiki_t2/jitensha/seihanmap/〕

化・視覚化した例であるが，GISの機能を活用してより高度な表現も使
われる。例えば，空間統計学のカーネル密度推定法は離散的な点分布か
ら連続的な密度分布を推定するもので，町丁目などの集計単位によらず
に事象の空間分布を表現できるため，犯罪地図でも広く用いられてい
る。**図8-5**はカーネル密度推定法を用いた犯罪地図の例で，個々の犯
罪発生地点の情報を連続的な密度の情報に変換して示している。さら
に，中谷・矢野（2008）はこの手法を時間軸を追加した3次元へと拡張
して，空間だけでなく時間的にも集中する犯罪の特性を表現する3次元
地図を提案している。

（2）犯罪にかかわる環境要因についての分析

犯罪研究において，犯罪や非行の発生メカニズムを理解しその予防に

つなげようという研究には，大きく分けて犯罪原因論と犯罪機会論の2つのアプローチがある。犯罪原因論が人間はなぜ犯罪者・非行少年になるのかという人間の成長過程における非行化のリスクに着目するのに対し，犯罪機会論では犯罪を行う者は常に存在すると仮定した上で，なぜその場所・状況で犯罪が起こったのかという場所や状況がもつ犯罪への脆弱性に着目する（島田 2013）。いずれのアプローチでも地域の環境は犯罪発生リスクにかかわる重要な要因の一つと捉えられており，さまざまな場面で地図・地理空間情報の活用が進んでいる。

　前節で述べたシカゴ学派は犯罪原因論の観点から，地域の物理的な荒廃や社会経済的な状況に着目して犯罪発生のメカニズムを追及した。ショーとマッケイの研究（Shaw and McKay 1942）では，図8−6に示すようなシカゴ市内の非行少年の空間的な分布と地域の特性との関連性を分析し，住民の流動性が高く貧困が集中する地域では人種構成などの違いにかかわらず非行率が高いという傾向を示した。そしてその結果に基づき，そうした地域では伝統的な慣習や規範に基づく社会的な秩序が解体されやすいために，そこで育つ少年の非行や犯罪を招くという社会解体論を展開した（島田 2013）。当時の犯罪研究では，非行や犯罪の原因を個人の遺伝的属性に見出だそうとする考え方が主流であり，環境の重要さを示したショーとマッケイの研究はそうした考え方に対する痛烈な批判となった。地理的な情報を重ね合わせたり比較・分析したりすることを得意とする GIS は，地域の特性が犯罪を誘発するという犯罪原因論と親和性が高く，重要なツールとして活用されている。

　犯罪原因論に基づく犯罪予防では，教育や雇用の機会確保，低所得者層向け支援策といった社会政策によって地域の秩序を維持することが重視されるが，そうした介入の成果が出るまでには時間がかかる。そのため 1970 年代頃から，場所や状況の脆弱性が犯罪の機会を生むと捉え

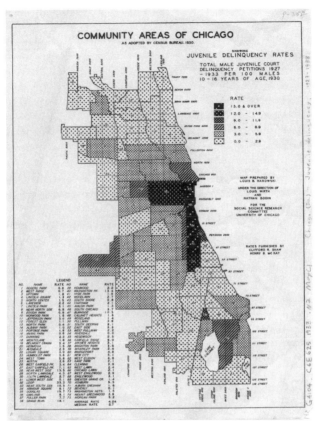

**図8-6　1927 年から 1933 年のシカゴ都市圏における少年非行割合の分布
（10-16 歳の男性 100 人あたり）**
〔出典：http://pi.lib.uchicago.edu/1001/maps/chisoc/G4104-C6E625-1933-N2〕

て，その脆弱性を取り除くことで犯罪を予防しようという犯罪機会論が
注目されるようになった。犯罪機会論は，潜在的な犯罪者と適当な犯罪
対象が，犯罪を止めることのできる監視者が存在しない場所・状態で遭
遇すると犯罪機会が発生するという日常活動理論（Cohen and Felon

1979）に基づいている。例えば，地域住民による通学路の見守り活動
は，子どもという犯罪対象が存在する通学路という場所に住民という監
視者を配することによって，たとえ潜在的な犯罪者がそこにやって来て
も，犯罪の機会が生じないようにするための防犯活動と捉えることがで
きる。

　犯罪原因論が犯罪者のみに着目しているのに対し，犯罪機会論では犯
罪を抑制あるいは誘発する場所の特徴や，潜在的犯罪者・犯罪対象者の
空間行動も研究や犯罪予防策の対象となる。また，犯罪原因論で扱う地
域が比較的マクロなスケールであるのに対し，犯罪機会論における「場
所」は街角や道路の一角といったミクロなスケールで捉えられることが
多い。このような犯罪機会論的アプローチの特徴は，その発展に対し
GIS 技術の普及や詳細な地理空間情報の整備が重要な役割を担っている
ことを示唆している。例えば，大規模な空間行動の調査は GPS ロガー
の小型化や低価格化により初めて可能となった。雨宮らの研究（2009）
では，平日の放課後における子ども，保護者，地域の高齢者が中心と
なった防犯ボランティアの空間行動を各自に GPS ロガーを携帯しても
らうことにより調査して，子どもの活動場所の中には保護者と防犯ボラ
ンティアのいずれの見守りの目も届かないところもあること，時間帯に
より保護者による見守り・防犯ボランティアによる見守りのそれぞれの
有効性は変化することなどを明らかにした。

（3）犯罪予測
　犯罪には，一度発生するとその周辺で同種の犯罪が繰り返し発生する
という近接反復被害と呼ばれる傾向がある。また，犯罪ホットスポット
の状態が継続している地域や，前節で取り上げた犯罪リスクにかかわる
環境要因の分析により犯罪が起こりやすい環境であると推定された地域

では，この先犯罪が発生する確率が高いと考えられる。このような犯罪発生の地理的な特徴をふまえて，犯罪の発生を予測しようという取り組みが行われている。

　近接反復被害の傾向に着目した犯罪発生予測システムとしてよく知られているものに，米国のベンチャー企業が開発した PredPol（https://www.predpol.com/）がある。PredPol はロサンゼルス市警察局とカリフォルニア大学ロサンゼルス校の研究者との共同研究から派生したシステムで，時間的に変化の少ない地域の環境的な特性に基づく犯罪リスクと，近い過去に発生した犯罪の近接反復被害に相当する時間的に変動するリスクとを重ね合わせて，概ね 150 m 四方に分割された小地域ごとに日々の犯罪発生リスクを予測する。そして，高リスクと予測された小地域を地図上に表示することで，パトロールなどの警察活動を支援する。

　検出されたホットスポットや近接反復被害に着目した犯罪予測は，過去に発生した犯罪の位置情報に基づき地域のリスクを推定するものであるが，過去の犯罪発生データを直接的に用いるのではなく，過去の研究や実務者の経験から導き出された犯罪発生リスクに影響する要因に基づいて推定する手法も考案されている。ここで考慮する要因としては，地域の社会経済的特性や都市の物理的な特性，季節や天候，大規模イベントなどさまざまなものが考えられる。

　Caplan et al.（2011）によるリスク地形モデル（Risk Terrain Modeling；RTM）は，バーや駐車場，学校など犯罪リスクとの関係性が指摘される施設の密度を前述のカーネル密度推定法を用いてそれぞれ算出し，相対的な重要度で重み付けして空間的に重ね合わせることによって地域の犯罪リスクを推定する手法である。リスク要因を重ね合わせるという概念のわかりやすさ，一般的な GIS ソフトウェアが備えて

いる基本的機能で実装できる技術的な簡便さ，対象とする地域や犯罪の種類の特性に応じて幅広い要因を考慮できる柔軟さが，この手法の利点とされる。ただし3つめの利点は同時に，考慮する要因やその相対的重要度に予測の結果が大きく依存することも意味しており，モデルを慎重に吟味する必要がある。Caplan et al.（2011）の実際の研究では，発砲事件の発生リスクを，ギャングメンバーの居住地，小売店舗，薬物犯罪での逮捕のあった地点という3つの要因から予測し，予測結果と実際の発砲事件の発生地点とを比較して予測精度の検証を行っている（図8-7）。この図を見ると，多くの発砲事件はRTMが高リスクと予測した地域で発生していることがわかる。

　このような犯罪の地理的特性を組み込んだ犯罪予測システムは，米国を中心に複数の都市で警察の実務に導入されてきたが，近年，その効果や予測手法の妥当性について懸念や問題を指摘する声が高まり，利用を取りやめる動きも出てきている。特にPredPolをはじめとする近接反復被害の概念に基づくシステムでは，犯罪リスクが高いとされた地域でパトロールが強化され被疑者が逮捕されると，その逮捕情報がシステムへの次の入力情報となり，将来また同じ地域の高リスク予測につながるというフィードバック・ループの存在が問題視されている（Reynolds 2017）。つまり，こうしたシステムでは，重点的にパトロールが行われたことによる逮捕数の多さと実際の犯罪発生率の高さとを区別することができず，地域の犯罪リスクを過剰に推定してしまう可能性があるということである。警察の犯罪統計などにも一般に言えることであるが，逮捕数は犯罪発生の全体像を必ずしも表してはおらず，また逮捕された被疑者が必ずしも有罪とは限らない。逮捕情報はこうした特性を考慮して分析する必要があるが，一部の犯罪予測システムではそれが十分でないとも指摘されている。

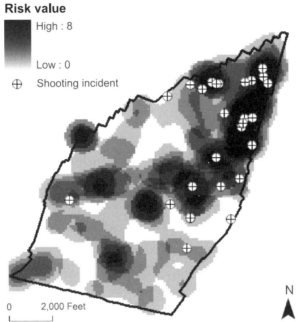

Period 1 Risk terrain, Period 2 shootings

図8-7　RTM で予測された発砲事件の発生リスクと実際の発生地点

〔出典：Caplan et al. (2011). Risk terrain modeling：Brokering criminological theory and GIS methods for crime forecasting. *Justice Quarterly,* 28 (2), 360-381. 〕

　犯罪予測システムが開発・導入された目的の一つは，人為的な要因による偏りを排し，客観的なデータに基づいて警察活動を行うことにあったが，予測の基礎となる過去の警察活動によるデータ自体に偏りがあれば，予測結果もその偏りの影響を受けうる。米国では，犯罪予測システムが高リスクと予測する地域が人種的マイノリティの多い地域と重なる傾向がある（Reynolds 2017）ことなどから，期待されていた「客観的な」システムとしての役割を果たせていない，偏見や差別を助長してい

るなどとして，犯罪予測システムへの批判が強まっている。導入後，予測精度や犯罪予防効果などについての検証・管理が不十分であったという指摘もあり，この先そうした検証が行われるのか，その結果犯罪予測の取り組みにどのような変化が起こるのかなど，今後の動向が注目される。

3. まとめ

　本章では，犯罪研究や犯罪を予防する安心・安全のための取り組みにおける地理空間情報の活用について，犯罪発生状況の可視化，犯罪にかかわる環境要因についての分析，犯罪予測，地域コミュニティの防犯活動などに着目して，関連する基本的概念や手法を適用例を交えて学んだ。ここでは取り上げなかったが，人々がどのような場所で犯罪の危険や不安を感じるかという主観的な犯罪リスク認知に関する研究や，防犯カメラの設置や警察によるパトロールの強化など犯罪対策の効果に関する研究にも，地理空間情報やGISを用いたものが見られるようになっており，今後この分野における一層の活用が期待される。

　ここまで見てきたように，地理空間情報やGISは客観的なデータと科学的根拠に基づいた犯罪予防のために非常に効果的なツールである。一方で，犯罪にかかわる情報には個人のプライバシーにつながる要素もあり，また犯罪リスクが高いと予測された地域が何らかの不利益を被る可能性も考えられることから，前節で述べた米国の状況などもふまえ十分な議論に基づいて慎重に活用を進めていくことが肝要である。

参考文献

[1] 雨宮護，齊藤知範，菊池城治，島田貴仁，原田豊「GPS を用いた子どもの屋外行動の時空間特性の把握と大人による見守り活動の評価」（ランドスケープ研究，72，747-752．2009）

[2] 今井修「組織における GIS の導入と運用」『地理情報科学―GIS スタンダード』（浅見泰司・矢野桂司・貞広幸雄・湯田ミノリ編）（古今書院，178-185．2015）

[3] 大山智也，雨宮護，島田貴仁，中谷友樹「地理的犯罪予測研究の潮流」（GIS―理論と応用，25（1），33-43．2017）

[4] 警視庁「令和 2 年 区市町村の町丁別，罪種別及び手口別認知件数」（2021）<https://www.keishicho.metro.tokyo.jp/about_mpd/jokyo_tokei/jokyo/ninchikensu.html>．（最終閲覧日：2021 年 2 月 10 日）

[5] 島田貴仁「環境心理学と犯罪研究―犯罪原因論と犯罪機械論の統合に向けて―」（環境心理学研究，1（1），46-57．2013）

[6] 中谷友樹，矢野桂司「犯罪発生の時空間 3 次元地図」（地学雑誌，117（2），506-521．2008）

[7] 原田豊「犯罪・安全・安心と GIS」『生活・文化のための GIS（シリーズ GIS 第 3 巻）』（村山祐司・柴崎亮介編）（朝倉書店，97-116．2009）

[8] 原田豊『「聞き書きマップ」で子どもを守る：科学が支える子どもの被害防止入門』（現代人文社．2017）

[9] Caplan, J.M., Kennedy, L.W. and Miller, J. (2011). Risk terrain modeling：Brokering criminological theory and GIS methods for crime forecasting. *Justice Quarterly*, 28 (2), 360-381.

[10] Cohen, L.E. and Felson, M. (1979). Social change and crime rate trends：A routine activity approach. *American Sociological Review*, 44 (4) , 588-608.

[11] Shaw, C.R. and McKay, H.D. (1942). *Juvenile Delinquency in Urban Areas*. Chicago：University of Chicago Press.

[12] 中谷友樹「特集・GIS を社会に活かす：犯罪予防に GIS を活かす」（地理，61（4），42-49，2016）．

[13] Reynolds, M. (2017). A flaw in the pre-crime system. *New Scientist*, 236 (3146), 10.

.

学習課題

1. 自分がよく知っているいくつかの都道府県について，その警察がインターネット上で公開している犯罪情報や犯罪地図を調査して，内容や表現方法を整理・比較してみよう。

2. 犯罪の発生に影響を及ぼす地域の環境要因は，犯罪の種類によって異なる。ひったくり，放火，傷害など犯罪の種類を一つ取り上げ，どのような環境要因がその起こりやすさ・起こりにくさに影響を及ぼしうるか，考えてみよう。

3. 犯罪予測に基づいた警察活動について，その利点と問題点を考えてみよう。

9 | 保健，医療における活用

山田育穂

《目標＆ポイント》 保健・医療は，その分析や意思決定に地理的な情報を活用することで，より効果的な対策や取り組みが期待できる分野の一つである。疾病の空間分布の数理解析から保健・医療施設の検索サービスまで，幅広いユーザ層を対象にその活用可能性は多岐に渡る。本章では特に，疾病の空間分布，保健・医療サービスの空間配置，人を取り巻く環境に焦点をあて，地理空間情報を活用したアプローチについて学ぶ。
《キーワード》 疾病地図，空間サーベイランス，保健・医療サービスの需要予測，保健・医療サービスのアクセシビリティ，人の健康と環境

---

1. 疾病の空間分布

（1）疾病地図

　保健・医療分野における地理空間情報の活用例として，まず挙げられるのが疾病の発生状況の地図化である。地表面で起こる事象の空間的な分布の特徴を発見・理解するための第一歩は，対象となっている事象を地図として表現し視覚的に分析することであり，保健・医療分野もその例外ではない。例えば，特定の疾病の増加が懸念される場合，地区ごとの患者の数やその人口に対する割合を地図化することで，疾病リスクの地域的な偏りや，患者が極端に集積した疾病リスクの高い地域を，視覚的に把握できる。高リスクの地域が発見されれば，対策のための資源を効率的に配分することができ，また，人口特性や気象条件など疾病分布

以外の地理空間情報と組み合わせれば，疾病リスクに影響を及ぼす地域的要因についての分析も可能となる。このように，疾病や健康にかかわる情報を地図として表現したものを疾病地図（disease map）という。

　疾病地図は18世紀末頃から欧米における疫学研究に登場するようになった。中でも，イギリスのジョン・スノー博士（John Snow）が1854年ロンドンで起きたコレラ大流行の際に作成したコレラ地図（**図9-1**）は広く知られている。医師としての経験から患者数の地域的な偏りが水道供給会社の管轄区域と類似していることに気付いたスノー博士は，コレラによる死亡者の位置をプロットしてこの地図を作成し，死亡者の集積の中心にある井戸を感染源と特定して，流行の収束に貢献したと言われる。

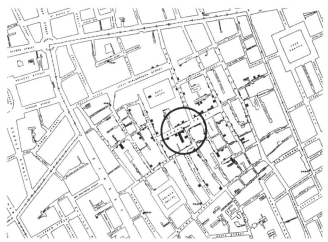

**図9-1　スノー博士のコレラ地図（一部を抜粋。中央の
　　　　円は死亡者の集積を示すために筆者が追記）**

〔出典：http://johnsnow.matrix.msu.edu/images/online_companion/
chapter_images/fig12-5.jpg〕

　このように個々の症例の位置を点として地図上にプロットしたものは
ドットマップ（点描図）と呼ばれる。個人情報への配慮などの理由で
個々の位置を示すのが適切でない場合や，症例の発生状況が地域ごとの
集計値として公開されている場合には，症例数や人口あたり症例数など
の数量的な指標をいくつかの階級に区分して地域を塗り分けるコロプレ
ス図（階級区分図）や，指標の値を円・正方形などの図形の大きさに比
例させて表現する図形表現図がよく用いられる。図 9-2，図 9-3 は，
2019 年 12 月に中国武漢市で確認され，2020 年 12 月現在世界的な大流
行が続いている新型コロナウイルス感染症（CVID-19）の感染状況を

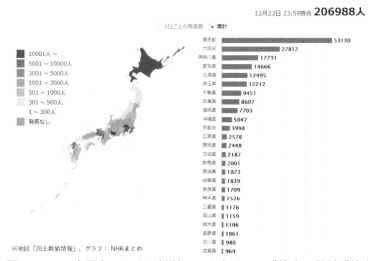

**図9-2　日本国内における新型コロナウイルス感染症の累計感染者
　　　　数分布（2020 年 12 月 23 日現在）**
〔出典：NHK 新型コロナウイルス特設サイト https://www3.nhk.or.jp/news/
special/coronavirus/data/〕

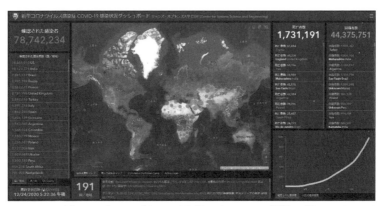

図9-3 ジョンズ・ホプキンズ大学のシステム科学工学センターが
制作した新型コロナウイルス感染症の感染状況を示すダッ
シュボード

〔出典：https://ej.maps.arcgis.com/apps/opsdashboard/index.html#/c3a8284f82
c84542bdccd6e938ef9e8c〕

示した地図であり，それぞれコロプレス図，図形表現図となっている。
　地理空間情報技術の発展に伴い，より高度な地図表現も可能となって
いる。口絵-4にその一例を示す。これらの地図はいずれも国内の市区
町村ごとの死亡リスクを標準化死亡比 SMR（Standardized Mortality
Ratio）という地域人口の年齢構成で調整した死亡率指標を用いて示し
たもので，市区町村の色と高さを SMR の値に応じて定めた3次元地図
である（Nakaya 2010）。口絵-4 (a)は通常のコロプレス図をそのまま
3次元にしたものだが，(b)は人口に比例して市区町村の面積を変形さ
せたカルトグラムを基にして，市区町村の高さをその体積が過剰な死亡
者数に対応するように定めて3次元化しており，死亡者の局地的な集中
と死亡リスクの地域間格差をより鮮明に描き出している。
　地理空間情報の保健・医療分野における有用性は，世界保健機構

WHO（World Health Organization）やアメリカ疾病予防管理センター CDC（Center for Disease Control and Prevention）をはじめとする，世界的な保健・医療組織でも広く認識されている。これらの組織では，疾病や衛生状態に関する地理空間情報を公開するだけでなく，保健・医療分野の研究や実務で必要な機能に特化した簡易的な GIS ソフトウェアも開発・提供して，地理空間情報活用の促進に寄与している。例えば，CDC が無償提供している疫学解析ソフトウェア Epi Info（https://www.cdc.gov/epiinfo/index.html）には，ドットマップやコロプレス図を作成する機能があり，疫学的な解析結果と地理空間情報を統合的に扱うことができる。

　地理空間情報技術の発達は，疾病地図の高度化を促すとともに，統計学や数理的モデリングの手法を適用した，より客観的・科学的な疾病分布解析の発展にも貢献している。空間統計学や空間疫学と呼ばれるこうした発展的取り組みは本書の範囲を超えているが，興味のある読者のために中谷ほか（2004），丹後ほか（2007），Rogerson and Yamada（2009）を参考文献として挙げておく。

（2）疾病の空間的拡散

　疾病が発生源となった地域から次第に広範囲に拡散していくことを，疾病の空間的拡散あるいは空間伝播と呼ぶ。前節で取り上げた事例が，特定の一時点における疾病の空間分布に着目したものであるのに対し，ここでは疾病分布の時空間的な変化が観察の対象である。空間的拡散の概念は，新しい知識やイノベーションが地域を越えて伝播していく現象をモデル化したものであり，保健・医療の分野では主に感染症やその媒介となる生物（例えばデング熱における蚊）に対して適用される。

　前節の疾病地図と同様に，疾病の空間的拡散の過程を地図化すること

はそのメカニズムを理解する一助となる。さらに近年では，詳細な地理
空間情報と数理的手法を活用した高度な解析も盛んになっている。クー
パーら（Cooper et al. 2008）は，イギリスの国営医療サービス NHS
（National Health Service）の一環として行われていた電話による医療
相談システムに寄せられた相談データを用いて，インフルエンザなど感
染症の空間的拡散の様子を解析した。疾病・事故などの空間的集積（ク
ラスター）を検出する空間スキャン統計（Spatial Scan Statistics；
Kulldorff et al. 2005）を発熱に関する電話相談に適用し，B型インフル
エンザ流行の空間パターンの変化を解析した結果が**図9-4**である。そ
れぞれの地図で陰影が付けられた地域は，相談件数全体の地域ごとの偏
りを考慮した上で，統計的に有意な発熱相談の空間的クラスターを表し

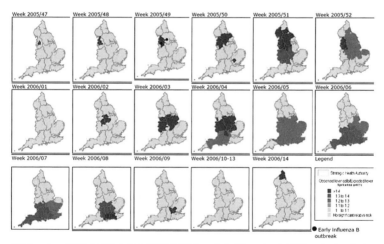

図9-4　発熱に関する電話相談データを用いたイギリスにおけるB
**　　　　型インフルエンザの空間的拡散の解析**

〔出典：Cooper et al.（2008）. Tracking the spatial diffusion of influenza and
norovirus using telehealth data：A spatiotemporal analysis of syndromic data.
BMC Medicine, 6：16.〕

ている。陰影の出現と消滅の様子から，解析対象となった 17 週間に，
B 型インフルエンザ流行の波が 2 回，異なる地域で発生したことがわか
る。

　図 9-5 は，東北大学環境科学研究科と株式会社 JX 通信社が開発し
インターネット上で公開している新型コロナウイルス感染症の時空間的
な広がりを表現した 3 次元地図である（http://nakaya-geolab.com/
covid19-stkd/tokyo/）。水平方向が地理的な空間，垂直方向が時間軸を
表す 3 次元空間に，感染発生施設の密度が雲のように表示されている。
首都圏の状況を表現したこの地図からは，第一波を示す雲がいったん途
切れ，第二波，第三波を示す空間的に広がりを増し密度も濃くなった雲
へとつながっていく様子が見て取れる。

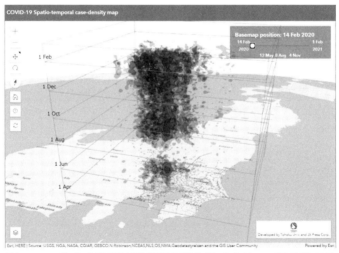

図9-5　東北大学環境科学研究科と株式会社 JX 通信社が共
同開発した『新型コロナ時空間 3D マップ』首都圏版
〔出典：https://nakaya-geolab.com/covid19-stkd/tokyo/〕

（3）疾病や症状の空間サーベイランス

　空間分布の分析に用いられる従来の手法は，主として，過去に得られたデータに基づき，過去の一時点での分布パターンやその変化を遡って検出しようというもので，「後ろ向き（retrospective）の分析」と呼ばれる。上述の疾病地図や空間的拡散の研究も，過去に遡って現象を捉える後ろ向きの分析に属する。これに対し，近年関心が高まっているのが，「前向き（prospective）の分析」と呼ばれる空間サーベイランスの手法である。サーベイランス（surveillance）とは一般に，監視・見張りを意味するが，ここでは，感染症患者の分布などに生じる異常事態をいち早く発見できるよう，常に状況を観察し続けるという意味で使われている。さまざまな空間事象についてのリアルタイムに近い情報が徐々に取得可能となってきている現在，これを逐次的に解析することで空間分布パターンの変化をできるだけ早期に発見し，効果的な対策に役立てようという機運が高まってきているのである。

　医療や健康に関する分野では，特に，症候群サーベイランス（syndromic surveillance）またはバイオサーベイランス（biosurveillance）と呼ばれる取り組みが広がっている。この背景にあるのは，2001年に米国で起きた炭疽菌によるバイオテロリズムや，新型インフルエンザの大流行であり，医師によって特定の病気であると診断された患者数をサーベイランスするという従来の姿勢から一歩進んで，ある症状（例えば発熱や咳）を示している患者数に着目することで，より早く異常事態を検出することを目指している。

　前節で紹介したクーパーらの研究（Cooper et al. 2008）では，発熱の相談に基づきインフルエンザの流行を分析しており，症候群サーベイランスの概念が取り入れられている。空間スキャン統計は前向きの分析にも適用可能なものであり，この研究は過去のデータに対し擬似的にサー

ベイランスを行った試みとも捉えることができる。実際，クーパーら
は，医師の診断データをもとに検出されたインフルエンザの流行時期
と，発熱相談の空間的クラスターが発見された時期とを比較して，後者
が先行していることから，症候群サーベイランスが感染症対策を迅速に
行う上で有効であると論じている。

2. 保健・医療サービスの空間配置

（1）保健・医療サービスの需要予測

　地理空間情報は保健・医療サービスの需要を把握し，保健・医療施設
の立地を計画あるいは評価する際にも役立てられている。疾病リスクの
高い人々，例えば高齢者や乳幼児が多く居住する地域を特定すること
は，感染症の予防策や保健・医療施設の優先的な配分・配置を可能と
し，効率的な保健・医療サービスの提供に繋がる。また，既存の保健・
医療施設の配置が，潜在的な利用者である地域住民にとってアクセスし
やすいものとなっているかどうか，客観的な評価をすることは，施設の
追加や再配置などの空間的意思決定をサポートする重要な手段である。

　McLafferty and Grady（2004）は，ニューヨーク市ブルックリンに
おいて，低所得者向け産婦人科診療所の需要予測を行った。この研究で
はまず，カーネル密度推定法（第8章参照のこと）を用いて，既存の診
療所の位置データから診療所密度の空間分布を，出生届データから低所
得または無保険の母親の居住密度の空間分布を，それぞれ推定した。そ
して，診療所のサービスを必要とする母親が多く，かつ既存の診療所へ
のアクセスが悪い地域では，新規の診療所への需要が高いものと仮定
し，2つの推定密度分布を組み合わせて，地域ごとの診療所設置の優先
度指標を算出している。

　関東地方の1都3県を対象とした土井らの研究（2015）では，入院患

者数の将来推計と病院までの移動時間を考慮した患者の受療行動のシミュレーションに基づき，2分の1地域メッシュ（500 m メッシュ）ごとに医療需給バランスの推定を行った。医療提供体制などを変化させた複数のシナリオを用いて，2040年まで5年ごとの経年変化を需要超過となり入院できない人の数とその空間分布に着目して分析している。**図9-6**は医療提供体制などが現状のままと仮定した場合の，2030年に需要超過が予測される地域を示したものである。

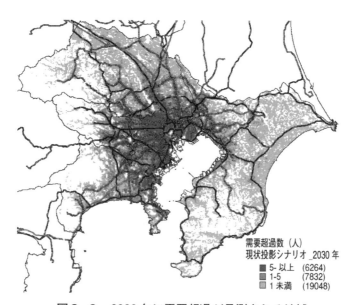

図9-6　2030年に需要超過が予測される地域
〔出典：土井俊祐・井出博生・井上崇・北山裕子・西出朱美・中村利仁・藤田伸輔・鈴木隆弘・高林克日己（2015）．患者受療圏モデルに基づく1都3県の医療需給バランスの将来予測．「医療情報学」，35（4），157-166.〕

（2）保健・医療サービスへのアクセシビリティ

　アクセシビリティの評価は，保健・医療に限らず，公共交通や教育，商業などさまざまな分野で，地理空間情報・GIS を活用した応用研究が進んだテーマである。施設への到達しやすさを表すアクセシビリティには，距離や移動時間など物理的要因による部分と，利用者の価値観や社会的・文化的背景，経済的事情などによる部分があり，地理空間情報やGIS は主として前者の評価に用いられる。

　物理的（空間的）アクセシビリティの指標としては，最近隣施設への距離というシンプルな指標を用いることもあるが，都心部など複数の施設が集中している地域では特に，重力モデルに基づくより詳細な方法が適している。重力モデルは 2 地点間の相互作用・相互交流の可能性を表すもので，保健・医療施設へのアクセシビリティという文脈では，サービス供給量（例えば病床数）が大きく距離の近い施設ほど，地域のアクセシビリティに貢献していると考える。ある地点に住む住民のアクセシビリティは，そこからすべての施設への距離を求め，各施設のサービス供給量を距離の影響を考慮して割り引いた後，総和を取るかたちで算出される。

　なお，ここでいう「距離」は直線距離に限定されたものではなく，道路ネットワークに沿った最短経路距離（ネットワーク距離と呼ぶ）や，混雑や信号待ちを考慮した移動時間などを，対象とする地域や事象により使い分ける。この点でも GIS は，アクセシビリティの評価に欠かせないツールである。

3.　環境と健康

（1）人の健康と環境のかかわり

　一部の遺伝性疾患を除き，すべての疾病の発生には，何らかの外的な

環境要因が関係している。人の健康と環境とのかかわりは，地理学でも古くから扱われており，医療地理学（medical geography）と呼ばれるこの分野の起源は，医学を適切に学ぶためには気候や水質，食料，都市配置など人を取り巻く環境をまず考慮すべき（Hippocrates, circa B.C. 400）と説いた古代ギリシアの医師，ヒポクラテスにまで遡るとされる。都市計画におけるゾーニング（建築・土地利用規制）も，産業革命期のイギリスで都市部への急激な人口集中が公衆衛生状態の悪化をもたらし，健康問題を招いたことが背景となって始まった。環境を扱うことに優れた地理空間情報は，人の健康を阻害あるいは促進する環境的な要因を明らかにする上で非常に重要な役割を担っている。人体に影響を及ぼす環境として，医療地理学では従来，自然環境を重視してきた。ヒポクラテスの時代から近代まで，健康問題の中心が感染症や栄養不足による疾病であった時代には，気候や日照，病原体やその媒介生物の生態系，農作物の生産状況など，自然環境に直結した要素が健康の鍵を握っていたためである。一方，先進国を先駆けに，生活習慣病や慢性疾患が健康問題の中心となった現代では，健康へのリスク要因は自然環境に留まらず，都市の物理的構造や社会構造，保健・医療サービスの立地状況などを含む，広範で複雑なものとなっている。WHO 憲章が健康を単に病気や虚弱でないだけでない，より包括的な概念として定義したように，医療地理学が扱う問題も疾病や医療に限らず健康全般に広がっている。こうした状況を反映して近年では，医療地理学に代わり，「健康地理学（health geography）」という呼び方が広く使われている。

　以下では，自然環境とより広義の住環境のそれぞれについて，地理空間情報を活用した健康問題への取り組みを紹介する。

（2）自然環境と健康

　疾病地図と同様に，環境に関する指標を地図化することは，その分布の特徴を理解し疾病分布との関係を探るのに有用である。大気・水質など自然環境に関する地理空間情報は徐々に公開が進んでおり，米国では環境保護庁 EPA（Environmental Protection Agency）の Environmental Dataset Gateway（EDG；https://edg.epa.gov/）や連邦地理データ委員会（Federal Geographic Data Committee）の GeoPlatform.gov（https://www.geoplatform.gov/），日本では国立環境研究所の環境数値データベース（http://www.nies.go.jp/igreen/）などからダウンロードできる。国立環境研究所が運営する環境展望台（http://tenbou.nies.go.jp/）では，こうしたデータをインタラクティブに地図化できる Web GIS ツールも提供している（**図9-7**）。

図9-7　環境展望台の Web GIS ツールで地図化した 2018 年度 有害大気汚染物質調査の結果

〔出典：https://tenbou.nies.go.jp/gis/monitor/?map_mode=monitoring_map&field=4〕

140

　感染症の研究や対策では，感染者だけでなく，病原体やその媒介生物の空間分布も重要な要素である。例えば，マラリアやデング熱は蚊，住血吸虫症は巻貝をそれぞれ媒介生物としており，従来その分布状況は，現地調査により手作業で収集する必要があった。現在では，植生や地表面温度などのリモートセンシングデータ，水質や気候などの自然環境データ，さらには人口密度などの統計データを組み合わせ，媒介生物の空間分布や感染率を推定し，より効率的・効果的に感染症の流行モデルが構築できるようになってきている。

　ブジッドら（Bouzid et al. 2014）はEUにおけるデング熱流行の将来

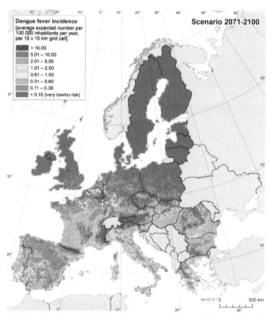

図9-8　21世紀末のEUにおけるデング熱発生率の予測図

〔出典：Bouzid, M. et al.（2014）. Climate change and the emergence of vector-borne diseases in Europe： Case study of dengue fever. *BMC Public Health*, 14： 81.〕

予測モデルを，環境的要因として最高気温，最低気温，降水量，湿度を，社会経済的要因として人口密度，都市人口比率，1 人あたり GDP を，それぞれ組み込んで構築した。まずメキシコで過去に観測されたデータをもとにモデル・パラメータの推定を行い，気候変動の 3 段階の進行レベルに応じて，10 km 四方の小地域ごとに EU 内のデング熱発生率を予測するという手法である。21 世紀末の予測結果（**図 9-8**）は，地中海沿岸と北イタリアで特にデング熱のリスクが広がる可能性を示している。

（3）広義の住環境と健康

　近年，自然環境だけに留まらない広義の住環境が注目を集めるようになった背景の一つには，米国・英国を中心とした欧米諸国の深刻な肥満問題がある。従来，肥満の原因は個人の生活習慣にあると考えられ，その改善を促すための施策や研究が盛んに行われてきたが，国民レベルでの改善は進まなかった。そのため，個人の枠組みを超えた「環境」が肥満を誘発しているという考え方が生まれ，肥満を促進あるいは予防する住環境への関心が急速に高まったのである。肥満と住環境との関連には身体活動と食生活という 2 つの側面があり，特に前者は，肥満問題はそれほど深刻ではないものの，超高齢社会を迎え健康寿命延伸のために運動習慣の定着や身体活動量の増加が重要な課題となっている日本においても関心が高い。そこでここでは，自動車への依存度を減らし，徒歩すなわち身体活動を増やすと期待されている都市の歩きやすさ，「ウォーカビリティ（walkability）」についての，地理空間情報を活用したアプローチを紹介する。

　地域のウォーカビリティは 3 D あるいは 5 D と呼ばれる指標で測られることが多い。3 D は人口密度（Density），土地利用の多様性

（Diversity），歩行者志向のデザイン（Design）を（Cervero and Kockelman 1997），5Dはこれらに目的地へのアクセシビリティ（Destination accessibility）と公共交通までの距離（Distance to transit）を加えたもの（Ewing and Cervero 2001；Ewing et al. 2009）を指し，日常生活の中での歩行を誘発し，住民の健康を促進する要素であると考えられている。

　健康地理学の分野では，地理空間情報を組み合わせてさまざまなウォーカビリティ指標を算出し，その空間分布と肥満レベルや身体活動量といった住民の健康指標の空間分布とを比較して，統計的・数理的な手法を用いてその関係性を明らかにしようという研究が盛んである。例えば，米国のユタ州ソルトレイク郡を対象とした研究（Yamada et al. 2012）では，道路ネットワークデータに基づきGISのネットワーク解析機能で算出した住居から徒歩1kmの範囲を住民の日常生活エリアと定義して，人口密度，交差点密度，土地利用の混合レベル，都市施設へのアクセシビリティなど，十数種類のウォーカビリティ指標を求め，住民のボディマス指数（BMI；肥満指標の一種）との関連を検証している。欧米から始まったウォーカビリティ研究であるが，最近では横浜市が実施する健康サポート事業の参加者の歩数計データを活用した研究（Hino et al. 2020）など，日本をはじめアジア諸国での研究も盛んである。

　また，ウォーカビリティの概念は不動産の分野でも注目が高い。米国で開発されたWalk Score（https://www.walkscore.com/）やそれを日本の都市環境に合わせて発展させたWalkability Index（清水ほか2020）は，商業施設や医療施設，公園，学校などの都市施設や道路ネットワークの地理空間情報を用いて，「都市のアメニティ」の集積を指標化したもので，不動産の価値を評価する新しい指標とされている。これ

らの指標は一部の不動産情報サイトでも公開され，住居探しの一助としても活用されている。

4. まとめ

　本章では，保健・医療分野での地理空間情報の活用について，疾病の空間分布，保健・医療サービスの空間配置，人を取り巻く環境の3つのテーマに着目し，その基本的概念や手法，適用例を学んだ。本章で紹介した新型コロナウイルス感染症関連の事例からもわかるように，この分野では今後，地理空間情報・地理空間情報技術を活用した情報発信や研究が一層盛んになっていくものと期待されるが，健康や医療にかかわる情報は機微性の高い個人情報であり，十分な議論と徹底した安全対策に基づき利用を進めていく必要がある。

参考文献

[1] 清水千弘，馬場弘樹，川除隆広，松縄暢「Walkability と不動産価格—Walkability Index の開発」（東京大学空間情報科学研究センター Discussion Paper #163. 2020）
[2] 丹後俊郎，横山徹爾，高橋邦彦『空間疫学への招待—疾病地図と疾病集積性を中心として』（朝倉書店. 2007）
[3] 土井俊祐，井出博生，井上崇，北山裕子，西出朱美，中村利仁，藤田伸輔，鈴木隆弘，高林克日己「患者受療圏モデルに基づく1都3県の医療需給バランスの将来予測」（医療情報学，35（4），157-166. 2015）
[4] 中谷友樹，谷村晋，二瓶直子，堀越洋一『保健医療のための GIS』（古今書院. 2004）
[5] Bouzid, M., Colón-González, F.J., Lung, T., Lake, I.R. and Hunter, P.R. (2014).

Climate change and the emergence of vector-borne diseases in Europe : Case study of dengue fever. *BMC Public Health*, 14 : 781.

[6] Cooper, D.L., Smith, G.E., Regan, M., Large, S. and Groenewegen, P.P. (2008). Tracking the spatial diffusion of influenza and norovirus using telehealth data : A spatiotemporal analysis of syndromic data. *BMC Medicine*, 6 : 16.

[7] Cervero, R. and Kockelman, K. (1997). Travel demand and the 3Ds : Density, diversity, and design. *Transportation Research Part D-Transport and Environment*, 2 (3), 199-219

[8] Ewing, R. and Cervero, R. (2001). Travel and the built environment. *Transportation Research Record*, 1780, 87-114.

[9] Ewing, R., Greenwald, M.J., Zhang, M., Walters, J., Feldman, M., Cervero, R., ... Thomas, J. (2009). *Measuring the Impact of Urban Form and Transit Access on Mixed Use Site Trip Generation Rates - Portland Pilot Study*. Washington, DC : U.S. Environmental Protection Agency.

[10] Hino, K., Usui, H. and Hanazato, M. (2020). Three-year longitudinal association between built environmental factors and decline in older adults' step count : Gaining insights for age-friendly urban planning and design. *International Journal of Environmental Research and Public Health*, 17 (12), 4247.

[11] Hedley, A.A., Ogden, C.L., Johnson, C.L., Carroll, M.D., Curtin, L.R. and Flegal, K.M. (2004). Prevalence of overweight and obesity among U.S. children, adolescents, and adults, 1999-2002. *JAMA*, 291 (23), 2847-2850.

[12] Hippocrates. circa 400 B.C. *On Airs, Waters, and Places*.

[13] Kulldorff, M., Heffernan, R., Hartman, J., Assunção, R.M. and Mostashari, F. (2005). A space-time permutation scan statistic for the early detection of disease outbreaks. *PLoS Medicine*, 2, 216-224.

[14] McLafferty S. and Grady, S. (2004). Prenatal care need and access : A GIS analysis. *Journal of Medical Systems*, 28 (3), 321-333.

[15] Nakaya, T. (2010). 'Geomorphology' of population health in Japan : Looking through the cartogram lens. *Environment and Planning A*, 42 (12), 2807-2808.

[16] Rogerson, P.A. and Yamada, I. (2009). *Statistical Detection and Surveillance of Geographic Clusters*. CRC Press.

[**17**] Yamada, I., Brown, B.B., Smith, K.R., Zick, C.D., Kowaleski-Jones, L. and Fan, J.X. (2012). Mixed land use and obesity：An empirical comparison of alternative land use measures and geographic scales. *The Professional Geographer*, 64 (2), 157-177.

学習課題

1. 疾病の空間分布を地図化する際，注意すべきことは何か，データの精度，空間単位，プライバシーなど，さまざまな視点から考えてみよう。
2. 保健・医療サービスへのアクセシビリティを評価する際には，直線距離よりネットワーク距離が適切なことが多い。その理由を考えてみよう。
3. 生活習慣病を一つ取り上げ，住環境のどのような側面が影響を及ぼしうるか，考えてみよう。

10 災害時における活用
〜阪神淡路大震災，東日本大震災，COVID-19を通じて
関本義秀

《目標＆ポイント》　日本は地震，津波，洪水，斜面崩壊，大雪，噴火等さまざまな災害が起こる国であるが，それらに包括的に対応する情報技術の側面から地理空間情報を，阪神淡路大震災から東日本大震災の歴史とともに近年のCOVID-19への対応を含め，今後のあるべき姿を俯瞰する。
《キーワード》　阪神淡路大震災，東日本大震災，COVID-19，政府動向，携帯通信情報，災害シミュレーション，災害アーカイブ

---

1. 阪神淡路大震災の教訓

（1）本格的に始まった災害時の地理空間情報活用
　本章では，災害時にどのように地理空間情報が活用されてきたか，また今後の姿について述べたい。人為的な災害での活用は第6章で述べた地下埋設物の管理への活用があったが，日本は地震，津波，洪水，斜面崩壊，大雪，噴火等，さまざまな大規模自然災害が起こり得る国である。そうした災害への情報の備えが必要だと認識されたのは，1995年1月に起きた阪神淡路大震災からと言えよう。一部損壊以上の住宅が約64万棟あったと言われ[1]，これによって，建物の耐震性や延焼性の分析やそれに伴う罹災証明発行の必要性がクローズアップされた。実際に当局は罹災証明発行のために一件一件の被害調査を行いそれをGIS化し，地域ごとの建物残存状況を把握・可視化を行うとともに（図10-

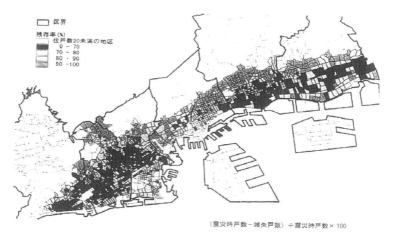

図 10- 1　阪神淡路大震災における住宅の残存状況
〔出典：神戸市報告書［4］より引用〕

1），研究機関は断層との関係性や建物延焼等の研究を進めた（例えば建築研究所[2]や村尾[3]など）。

（2）整備された政府の体制

　上記の分析とともに，国の地理情報（GIS）の体制整備が始まったのもこのときである。阪神淡路大震災が起きた1995年9月に，多くの省庁が連携する地理情報システム（GIS）関係省庁連絡会議が設置され，翌年に「国土空間データ基盤の整備およびGISの普及の促進に関する長期計画」，2002年にアクションプログラムなどが決定された。その後，国産のGPS衛星である準天頂衛星の打ち上げの期待も高まり，測位分野と一本化し，「地理空間情報活用推進基本法」が2007年に成立する流れにつながった。その後，「地理空間情報活用推進会議」が2008年に設置されるとともに，東日本大震災の流れを受け，2012年3月に新

表10-1 阪神淡路大震災から始まった政府政策の経緯

実施年月	アクション
1995. 9	地理情報システム（GIS）関係省庁連絡会議を設置。
1996. 12	「国土空間データ基盤の整備およびGISの普及の促進に関する長期計画」を決定。
1999. 3	「国土空間データ基盤標準および整備計画」を決定。
2002. 2	「GISアクションプログラム2002-2005」を決定。
2005. 3	自由民主党「測位・地理情報システムに関する合同部会」が発足。同年9月に内閣に「測位・地理情報システム等推進会議」設置。
2006. 5	自由民主党および公明党議員により，地理空間情報活用推進基本法案を国会提出。
2007. 5	その後，自民，公明，民主による再提出，衆参議院本会議可決を経て，同法が成立・公布。
2008. 4	同基本計画が閣議決定。同年6月「地理空間情報活用推進会議」に変更。
2012. 3	新たな「地理空間情報活用推進基本計画」が閣議決定。また，同年10月に具体な達成期間・部署名等目標を取りまとめた行動計画（G空間行動プラン）を策定。

たな「地理空間情報活用推進基本計画」が閣議決定された（表10-1）。

2. 東日本大震災で大きく進んだ活用

（1）応急段階

その後，阪神淡路大震災から16年経て，まだ記憶の新しい2011年3月11日の東日本大震災では，何が克服できて何がまだ課題として残っただろうか。簡単に言えば大きく変わった点は，2000年代中頃のいわゆる「Web2.0」と言われて検索エンジン，SNS，ブログ等が広く普及した時期を経て，良くも悪くも情報発信がしやすくなり，一般市民からの情報量が増えた点だろう。悪く言えば，発信される情報にはデマ・噂を含んでいて情報統制の観点では情報の品質にばらつきがあるものの，

　筆者の個人的な意見で言えば，特に大規模災害のような個々人の判断力に委ねざるを得ない場面が多い緊急時は，多くの情報源から草の根的に発信される方がよいように思われる。

　地理空間情報に限った話ではないが，発信語数を短く限定し，メッセージを公開しやすいシンプルな Twitter は震災時にも利用され，大きく取り上げられた[5]。こうした緊急時に最も向いていたのかもしれない。例えば図 10-2 は震災時の首都圏における Twitter をキーワードから位置にマッピングしたものであるが，実際に都心を中心に主に放射上の鉄道網に沿った，すなわち鉄道の運行状況等に関するつぶやきが多かったと思われる。

　しかし，物的な被害が少なかった首都圏に比べると，東北地方は津波による被害が甚大過ぎて，IT の力はなす術もなかったとも言わざるを得ない。そのときの人々の行動は助けに行った人が津波にさらわれた「ピックアップ行動」や，車両の渋滞で街路全体が渋滞にはまってしまう「デッドロック現象」などが報告され[6]，こうしたことは今後の大きな教訓となるであろう。

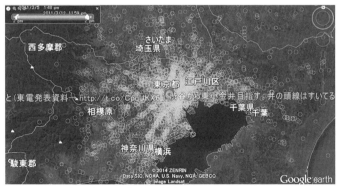

図 10-2　東日本大震災時の首都圏での Twitter によるつぶやきの状況

〔出典：放送大学印刷教材「生活における地理空間情報の活用（'16）」より引用〕

（2）復旧段階

　その後，復旧段階では地理空間情報を使ったさまざまな支援がなされた。これらは Emergency Mapping と言われることがあるが，まず挙げられるものが "Sinsai.info" であろう。世界規模の OpenStreetMap という Volunteer Based Map の日本支部を支えているオープンストリート・マップ・ファウンデーション・ジャパンなどが中心となり，地震発生後3時間でこのサイトを立ち上げた（**図 10-3**）[7]。同組織は直前にハイチで地震が起きたときにもサイトを立ち上げた経験があったため，それが生きた。Ushahidi というオープンソースのシンプルな Web GIS ソフトを用いて，ライフラインや避難所，安否確認等，災害後真っ先に必要な情報を誰でもが，Twitter・電子メール・フォームからの投

図 10-3　Sinsai.info
〔出典：[8] より引用〕

稿・その他情報サイトを通じてリアルタイムにアップできるようにした。また，外国への情報発信にも力を入れ，多言語翻訳を積極的に行った。このサイトは一部の専門家だけでなく，一般の人々がそれぞれ知っている情報を持ち寄ることを可能にするクラウドソーシング技術が非常事態にもきちんと機能することを示した画期的な事例である。これらOpenStreetMap 等の仕組みについては第 14 章で詳細を述べる。

　Sinsai.info 以外にも震災直後から稼働していたサイトとして，防災科学技術研究所による東日本大震災協働情報プラットフォームや，京都大学防災研究所による Emergency Mapping Team（EMT：http://www.drs.dpri.kyoto-u.ac.jp/emt/）などがあった。

　また，震災直後は通行止めの箇所が多数あったが，これらの全体像を把握することは容易ではない。車のカーナビに搭載されている GPS 情報はメーカーごとに集約がされ，それぞれ数十万〜百万台規模に及ぶため，すべてを重ね合わせることにより，通れた道路だったかどうかが客観データとしてわかる。実際に震災 8 日後から NPO 法人 ITS Japan から自動車通行実績マップ（http://www.its-jp.org/saigai/）として公開され，毎日更新されるとともに，途中から国土地理院より各道路管理者の通行止め情報を集約したものが提供された（**図 10- 4**）。これらにより，被災地への物流支援が円滑に行いやすくなったとの声が物流業者から聞かれたとも聞いている。

　また，空からの支援もあった。国内では国土地理院を中心とした多くの機関から災害協定に基づき航空写真が提供された。さらにグローバルな枠組みとして，衛星のリモートセンシング画像の国際的な提供・分析機関として，国際災害チャータ（https://www.disasterscharter.org/）というものがあり，震災直後に JAXA が撮影リクエストをすることにより，日本が撮影範囲に入ったときに参加機関が撮影・分析を行った。

152

図 10-4　ITS Japan による「自動車・通行実績情報マップ」
〔出典：http://www.its-jp.org/saigai/〕

これは世界各地の災害に対するグローバルな枠組みであるため，大災害
直後のリソースが限られる状態での迅速な支援と言う意味で重要な取り
組みである（これらの詳細は第13章で述べる）。

（3）長期の記憶の保存

　最後にこうした大震災の教訓をどう後世に残すかという長期保存の観
点からの話をしたい。そうした意味でも，東北大学の「みちのく震録
伝」（http://shinrokuden.irides.tohoku.ac.jp/），国立国会図書館のアー

カイブ「ひなぎく」（http://kn.ndl.go.jp/）など，いくつかの大きいアーカイブが構築されている意義は大きい。ここでは，地理空間情報と関連して，2012 年から日本でも IT 政策の柱の一つとして据えられつつあるオープンガバメント，オープンデータ促進の意味も含め，筆者も一員としてかかわった震災復興支援調査アーカイブの紹介をしたい。

　政府が設置した東日本大震災復興構想会議の提言「復興への提言－悲惨のなかの希望」やそれを受けた政府の復興基本方針，①今後の防災対策に資するため詳細な調査研究を行うこと，②地震・津波災害等の記録・教訓の収集・保存・公開体制の整備を図ること，③こうした記録等について，誰もがアクセス可能な一元的に保存・活用できる仕組みを構築し情報を発信すること，とされた。こうした方針に基づき，国土交通省都市局では，「東日本大震災津波被災市街地復興支援調査（以下，「復興支援調査」）として網羅的かつ体系的に被災自治体の調査を行ってきた。

　詳細は関本ら（2013）[9]を参照されたいが，筆者らはこれらを扱う「復興支援調査アーカイブ（http://fukkou.csis.u-tokyo.ac.jp）」を構築した。具体的なデータ項目としては，津波の浸水状況，建物の被災状況，個人や事業所の避難方法，被災者（死亡者・行方不明者）の状況，公共施設・ライフラインの被害状況，文教関連施設・文化財の被害状況などを扱っている。また，ファイルの数量としては，合計で約 90 種類，11.4 万個，200 GByte 強のサイズで，枚数は写真画像が圧倒的に多いが，GIS データとしての shape ファイルや，調査票の xls ファイルなども多い。

　こうした貴重なデータセットによって，新たに見えてくるものもある。**図 10-5** は，聞き取り調査による「避難方法（個人）」の避難経路の Shape データから，筆者らが，陸前高田市の 501 人分の時々刻々と変わる避難状況をアニメーション化したものである（避難経路データに

ついては限定データであるため，この縮尺以上には拡大できないように
して公開している）。Shape データの属性には避難の開始・終了時刻が
含まれているため，時空間的な内挿により，各時刻での人々のおよその
存在位置がわかるようになる。また，「避難区域」のデータを背景（グ
レーの領域）に重ね合わせている。

　その結果，地震前は日常どおりに人々が活動し（図 10- 5（a）），地震
の 15 分後には多くの人が避難を開始しているもののかなりの混乱状況
が見られ（図 10- 5（b）），陸前高田市に津波が来たとされる 15 時 25 分

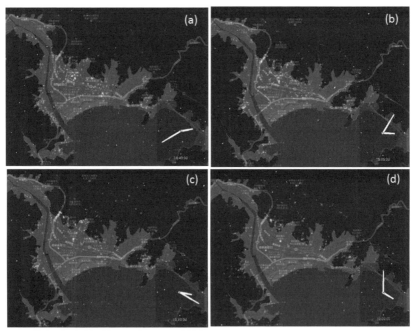

**図 10- 5　震災復興支援アーカイブ中の聞き取り調査である「避難経路（個
人）」から震災当日の陸前高田市の避難状況を動画にしたもの
（関本ら [9] より）**

（グレーは「浸水区域」．（a）は地震前の日常の活動状況，（b）は地震直後にさまざまな所
に避難しようとしている状況，（c）は津波が来る直前，（d）は概ね避難区域外や建物の高
層階に避難が終わっている状況を表している．また，本動画は以下 URL で公開されてい
る．http://www.youtube.com/watch?v=nNZxGq70Q_U）

直前にもまだ人はある程度残っており（**図 10-5**（c）），16 時頃には，浸水区域に隣接する地域や浸水区域内の高台に避難していることがわかる（**図 10-5**（d））。ただし，聞き取り調査であるため，回答にはある程度誤差が含まれること，死者のデータは聞き取り調査には含まれないことに留意されたい。

3.　COVID-19 や今後の大災害に向けた備え

（1）COVID-19 における人流の活用

　2020 年 4 月に，COVID-19，すなわちコロナ感染症による緊急事態宣言が日本でも出され，世界的にも都市のロックダウンが相次ぎ，大混乱に陥った。日本でも 3 密を避ける行動を推奨され，街角での人流状況と感染者数が日々のニュースの中で語られるようになった。**図 10-6** は，政府のサイトで，各都市の代表地点において，前日やコロナ前とどれほど人の滞在状況が変わったかをいくつかの携帯通信会社のデータを用いて日々示している。このように，第 7 章を含めて述べてきた東日本大震災時を契機に始まった携帯通信等を活用した人流データが，COVID-19 時には，ビジネスレベルでいくつかの民間企業によって提供され始めたことは，人流データの活用が社会に浸透し受け入れられてきたことの表れである。また，同様に第 7 章で触れたように，人々のコンタクト状況と感染拡大状況の示す再生産数との関係を見られるようになったことも大きい。

　また，人流だけではなく，東京都ではコロナ感染者数に関するわかりやすいウェブサイトが Code for Japan という IT 技術者による市民団体によってオープンソースベースで構築され，各地域にも広がりを見せていったことも特筆すべきことであり，2.（2）で述べた東日本大震災時の sinsai.info などの発展形と言うこともできるだろう。

156

図10-6　政府サイトに掲載される日々の人流の変化情報
　　　　（NTTドコモモバイル空間統計をもとにした2021年2月21日
　　　　（日）15時台の増減率）
〔出典：https://corona.go.jp/dashboard/ より引用〕

（2）自然災害の計測技術の充実

　東日本大震災の反省もふまえ，さらにさまざまな災害計測技術が出て
きている。例えば，沖合10〜20 km に設置してブイの三次元的な動き
を捉え，波浪・潮位を観測し，津波の来襲10〜20分前に異変を伝える
GPS波浪計は，国土交通省リアルタイムナウファスのサイト（https://
www.mlit.go.jp/kowan/nowphas/）によると，震災時も12ヶ所あった
がその後，2014年3月時点で17ヶ所となり，今後も増えていくと思わ
れる（**図10-7**）。

　また，最近はゲリラ豪雨による局所的な浸水も増えてきており，高解
像度のレーダー雨量計も出てきている。**図10-8** は国土交通省のXバン

ドレーダーを用いた雨量状況であるが，従来は 5 〜 10 分遅れで 5 分間隔，1 km メッシュ（カバー範囲約 120 km）の C レーダーを用いたものに比べて，1 〜 2 分遅れで 1 分間隔，250 m メッシュレベルで把握可能である。

図 10- 7　GPS 波浪計
〔出典：放送大学印刷教材「生活における地理空間情報の活用（'16)」より引用〕

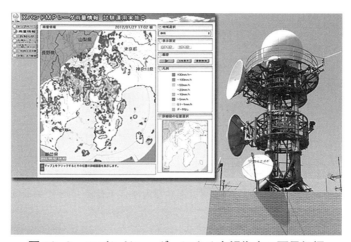

図 10- 8　X バンドレーダーによる高解像度の雨量把握
〔出典：放送大学印刷教材「生活における地理空間情報の活用（'16)」より引用〕

158

（3）シミュレーション技術の充実

　センサ技術が高度化されても，費用等の問題もあり必ずしも網羅的に
カバーできるとは限らないし，直近の予測などの必要性も考えると，モ
デリングを通じたシミュレーション技術は依然重要である。むしろ近年
では，さまざまな観測データが過去データとして使えるようになってき
ており，モデルそのものも高精細になり，災害シミュレーションも高度
化している。例えば津波では，津波の浸水深と個別建物の流出状況をモ
デル化し，今後津波を想定した場合に一定以上の浸水深がある地域には
何らかの保護策等を行うことが考えられる。実際に図 10-9 は越村教授
らにより作成されたものであるが，東日本大震災時に宮城県の個別建物
の被災状況を国土地理院提供の航空写真から目視判読を行い，個別建物
の浸水深データをもとに被害関数を推定したものである[10]。

　また，建物は特に震災時には火災を起こし延焼したり，倒壊して道路
を塞ぎ，二次災害を広げることがある。そうしたことから各建物の築年
数，材質，密集度合いから，延焼シミュレーションを行ったり，道路の
幅員等と合わせて閉塞シミュレーションを行うことは多い。例えば図
10-10 は大佛教授らによるもので[11]，世田谷区について個別建物の

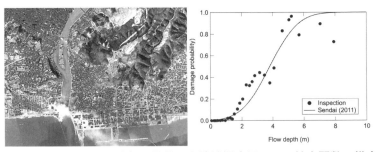

図 10-9　津波による建物被災状況と津波浸水深による被害関数の推定
〔出典：http://www.bousai.go.jp/kaigirep/chousakai/tohokukyokun/7/pdf/sub8.pdf〕

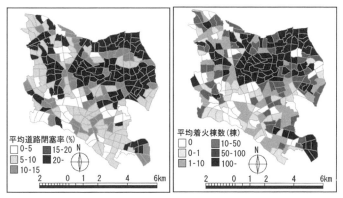

図 10-10　建物延焼・道路閉塞シミュレーションによる地区の評価

〔出典：［11］より引用〕

GIS データを東京都から借りてシミュレーションを行い，地区ごとに状況を可視化しており，実際に区内の北東部が全般的に危険性が高いことがよくわかる。

4. まとめ

　日本はさまざまな災害が起こる国であるが，それらに包括的に対応する情報技術の側面から地理空間情報を，阪神淡路大震災から東日本大震災の歴史と，さらに近年の COVID-19 の状況も交えて今後のあるべき姿を俯瞰した。

参考文献

［1］　兵庫県「阪神・淡路大震災の被害確定について」（2008 年．https://web.pref.hyogo.lg.jp/kk42/pa20_000000015.html）

[2] 建設省建築研究所「平成 7 年兵庫県南部地震被害調査最終報告書」（平成 8 年 3 月）

[3] 村尾修「兵庫県南部地震の実被害データに基づく建物被害評価に関する研究」（東京大学博士論文，1999）

[4] 神戸市「阪神・淡路大震災の概要及び復興」（平成 23 年 1 月）

[5] 総務省「平成 23 年版情報通信白書」

[6] 阿部博史編集「震災ビッグデータ」（NHK 出版，2014）

[7] 古橋大地「自分達ができること―震災インフォ sinsai.info―」『地域を支える空間情報基盤』（関本義秀監修），（日本加除出版，東京，pp. 205-209，2011）.

[8] 東京大学空間情報科学研究センター寄付研究部門「空間情報社会研究イニシアティブ」編著『地域を支える空間情報基盤〜クラウド時代に向けて』（関本義秀監修），（日本加除出版，ISBN978-4-8178-3924-4，p. 207，2011. 6）

[9] 関本義秀，西澤明，山田晴利，柴崎亮介，熊谷潤，樫山武浩，相良毅，嘉山陽一，大伴真吾「東日本大震災復興支援調査アーカイブ構築によるデータ流通促進」（GIS-理論と応用，Vol. 21，No. 2，pp. 1-9，2013）

[10] 内閣府「東北地方太平洋沖地震を教訓とした地震・津波対策に関する専門調査会第 7 回会合越村准教授提供資料」（2011 年 8 月）

[11] 大佛俊泰，守澤貴幸「都市内滞留者・移動者の多様な状態と属性を考慮した大地震時における広域避難行動シミュレーションモデル」（日本建築学会計画系論文集，Vol. 76，No. 660，pp. 389-396，2011）

学習課題

1. 災害時に必要とされる地理空間情報は平常時とはどのように性格が違うか考えてみよう。
2. 東日本大震災後に構築されたいくつかのアーカイブサイトを見てそれぞれの特徴を考えてみよう。
3. COVID-19 と東日本大震災における地理空間情報の活用方法の違いを考えてみよう。

11 農業，林業，海洋管理における活用

長井正彦・川原靖弘

《目標＆ポイント》　農業，林業，海洋管理において，広範囲を監視するためにリモートセンシング技術が用いられる。リモートセンシングにより，地表面や海面の色や温度の計測を行い，農産物や水資源の状況を知ることが可能である。
《キーワード》　農業，林業，海洋管理，リモートセンシング，船舶監視，サンゴ礁

---

1. 農業

（1）生育監視

　農業における，作物の生育状況の確認は，農家の方の日々の見回りにより行われている。作物の背丈，葉の色，茎の本数，病害虫や雑草などを観察しながら，農作物の栽培を行っている。図 11-1 に農業害虫トビイロウンカによる稲作被害を示す。しかし，農業就業人口の減少，高齢化が進み，昔ながらの農業では，農作物の栽培を持続することが難しくなると懸念されている。また，耕作放棄地の増加，生産農業所得が低下している状況の中で，農業の ICT 化（スマート農業）に高い期待が高まっている。

　スマート農業で注目されている技術が衛星リモートセンシングである。衛星リモートセンシングでは，対象物に直接触れずに，宇宙から大きさ，形，数，性質を観測することができ，また，広範囲の観測が可能

図11-1 トビイロウンカによる被害
〔出典：アジア工科大学院〕

なことに加え，同じ場所を，繰り返し観測することができる。これらの特徴は，農業支援に非常に適している。地球観測衛星の多くは，可視光および近赤外線域の電磁波を計測するセンサを搭載している。植物は，赤色の波長（可視光）の光を吸収して光合成に利用するが，近赤外領域の波長は吸収できずに反射してしまう特徴がある。これは，光合成に必要な葉緑素の中に含まれるクロロフィルの赤外線反射によるもので，植物の活性度と強い相関がある。この反射特性を利用することにより，作物の生育状況を診断し適切な収穫時期を調べることができる。

　北海道の大規模な農業地帯では，稲や小麦の刈り取りをするために大型の農業機械が利用され，処理施設に一度に大量の作物が運ばれる。稲や小麦の生育から，適切な収穫時期がわかれば，農業機械による刈り取りの順番や効率的な施設利用を計画することができ，衛星リモートセンシング技術は，農作業の効率化に役立っている。

　青森県では，リモートセンシングを利用し，米のタンパク質の含有量を推定している。タンパク質は，お米のおいしさを決める要因の一つで，タンパク質が少ないとおいしいお米といわれる。人工衛星から観測した稲の活性度データとタンパク質の実測値との相関をとり，収穫前にお米の味を予測したり，タンパク質の少ない稲を選定し厳選して収穫し

たりし，お米のブランド化を進めている。

（2）果樹園やゴルフ場

　大規模な果樹園を運営している農家では，数千本の果樹を管理しなければならず，地上からの管理は膨大な労力と時間が必要になる。リモートセンシング技術を利用することで，樹木の本数を検知するだけでなく，樹冠のサイズ推定，効率的に植樹をするための最適化，また衛星データのスペクトル情報から病気の樹木を検知することも可能になる。衛星リモートセンシングは，近赤外線の波長を利用して植物の活性度を測定することができる。植生指標（NDVI）と呼ばれる，植物の活性度を数値化することにより，病害虫のダメージを受けている果樹の場所を検出することができる。

　ゴルフ場は広大な敷地であり，不健康な芝生を地上の監視のみで検知するのは困難である。そのためゴルフ場では昔から芝生の管理に大変な費用，労力と時間を必要としている。また，芝生の管理はグラウンドキーパーの経験に頼っている所が多いが，衛星画像による定期観測とド

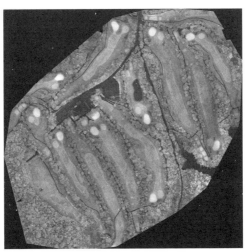

図 11-2　ドローンで観測されたゴルフ場
〔出典：山口大学〕

ローンによる詳細な調査を組み合わせたリモートセンシング技術により，芝生の状態を数値化し，水不足による芝枯れ防止や適切な肥料，薬剤散布が効果的にできるようになるなど，大幅なコスト削減が見込まれている。

2. 林業

（1）森林監視

　地方公共団体（都道府県・市区町村）における森林情報は，GIS（地理情報システム）で管理されている。森林所有者ごとに各ポリゴンで林分境界があり，樹齢と位置条件によって推定される樹木材積などの属性情報を持っている。しかし，多くの森林所有者は，自身の土地の現況を把握できずGISのデータは更新されない。よって多くの木材生産の現場では，現地調査により実際の木材量の推定を行っている。

　広域の森林地帯の環境や資源を監視し，状況を把握するにはリモートセンシング技術が導入されている。広大な森林において，森林の減少や季節的な変化，森林管理のための定期的な情報更新は，地上の調査のみでは難しい。森林調査の有効な方法は，航空機レーザ計測である。レーザ測量により，点群強度を解析して樹高と樹冠形状を測定できる。伐採地単位の小規模林地における森林調査においては，地上レーザ計測（TLS：Terrestrial Laser Scanner）やドローンによる写真測量・レーザ計測が普及し始めている。

　衛星リモートセンシングによる森林の監視として用いられる手法は，可視光や近赤外光の反射特性を利用した土地被覆分類である。衛星データから，都市，農地，水域，裸地，森林などの土地被覆に分類することができる。さらに，この森林区分は，広葉樹や針葉樹，混合林，竹林などより詳細に分類することができる。

図11-3　ドローン撮影された森林（左）から針葉樹のみを検出（右）
〔出典：山口大学〕

（2）竹林

　全国的に竹林の面積が増加している。竹材の需要が減少するにつれ，各地の竹林は管理されなくなり，生命力が強く成長の早い竹は自生し増加している。図11-4のように，自然放置された竹林の拡大による周辺環境や生態系への影響も懸念され，増加した竹林の効率的な管理が急務となっている。しかし，竹林を管理するための植生図の作成は，現地調査により大変な労力と時間をかけて実施しているのが現状である。

　衛星リモートセンシングは，宇宙から広範囲を一度に観測可能であり，同じ箇所を繰り返し何度も観測できるので，成長が早い竹林の把握に有効な手段として期待されている。衛星データの利用が可能になれば，短時間で容易に竹林の監視が可能になる。竹林を検出するには，あらかじめ竹林で覆われた地域を現地調査により同定し，衛星データを分類する際の教師データとして用いる。より詳細な分類を行うには，モウソウチク，マダケなど種類による違い，竹と他の樹木との混合林，季節的な変化，地域的特徴など，さまざまな要因を考慮しながら分類をしていくことも重要である。

図11-4　放置された竹林
〔出典：山口大学〕

3. 海洋管理

（1）船舶監視

　広大な海洋の監視には，衛星リモートセンシングが用いられる。海洋における衛星データ利用の例として，海面温度や潮流，海洋風，船舶の航行を支援するための流氷の監視，石油の流出や船舶監視がある。

　海洋での観測は，地上と違い複雑な構造物や地物が少ないので，容易に船舶を検知することができる。図11-5にALOS-2により観測した東京湾船舶の検出結果を示す。3mの分解能で観測し，海面（黒色の領域）で白く見えるのが船舶である。

　船舶監視には，人工衛星から取得したデータと同時に，AIS（自動船舶識別装置）と呼ばれる装置により取得されたデータが利用される。AISは，船名や船種などの船の識別に関する情報と，位置情報や速度など針路に関する情報を絶えず送っている。一定の基準を満たす船舶にはAISの搭載が国際的に義務付けられている。人工衛星から検出した船舶と，AISの情報を比較することにより，AISを利用していない船舶を識

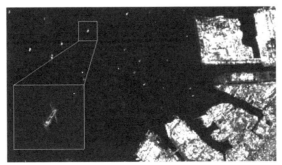

図11-5　だいち2号による船舶の検出
〔出典：山口大学〕

別することで，不審船を検出することが可能になる。

　宇宙からの不審船の監視は，技術的には実用化の段階に入っているが，現状では，観測頻度が十分でないため，定常的に利用することは難しい。観測頻度を上げるために，複数の人工衛星を同一の軌道上に打ち上げ，配置するコンステレーションという技術が検討されていて，将来的に観測頻度が上がれば，安全航行や安全保障の観点から，効果的に人工衛星を利用することができる。

（2）サンゴ礁

　サンゴ礁は，生物多様性や生産性が高く，海洋性生態系の中で最も重要な役割を担っている。しかし，近年，世界的にサンゴ礁の破壊が大きな問題になっている。その原因として，農地の土の流出による沿岸の富栄養化，過剰な観光利用による被害，また，地球温暖化による海水温度の上昇で，サンゴ礁の白化が進んだことも指摘されている。

　サンゴ礁などの海洋環境の適切な保護には，生態学的な視点から，サンゴ礁域の潜水調査や水中カメラなどを利用した観測を必要とする。し

かし，これらの局所的なモニタリングにより，広範囲の海底環境を長期的に繰り返し監視するには膨大な時間とコストが必要となる。

　衛星リモートセンシングを利用することにより，陸域の観測と同様に，広範囲の海域を繰り返し観測することができる。リモートセンシングにより，海中のサンゴ礁を観測するには，海中の光の波長を理解する必要がある。サンゴ礁上の海面色の変化により，サンゴ礁の状況を間接的に推測する。

　人工衛星に搭載されるセンサの技術開発が進み，高分解能の詳細な情報の取得が可能になった。多波長帯による観測が可能になり，短い波長帯の観測センサにより，水中のサンゴ礁の監視に利用されている。図11-6 は，沖縄県竹富島周辺の衛星画像である。竹富島周辺では，海水温の上昇など環境の変化によるサンゴ礁の白化が大きな問題となっている。サンゴ礁の海水の透明度や波浪，深水などの環境的な要因の制限はあるが，広範囲の海域のサンゴ礁を観測することが可能になる。

図 11-6　沖縄県竹富島周辺のサンゴ礁
〔出典：山口大学〕

（3）魚群探知

　漁業においては，超音波センサを用いた魚群探知機が用いられる。魚群探知機は，その名の通り魚の群れを探す機械であるが，船底にセンサを設置することで，海底の深度や起伏も測定することができる。魚群探知機器の構成を図11-7に示す。演算表示/制御部と超音波送受信部，バッテリに分かれており，送受信部を船底などの探査が可能となる部分に設置することにより，海底地形や魚における超音波の反射波を測定する。超音波送受信部からは，海底に超音波をパルス上に発射し，受信する反射波の受信にかかった時間を測定する。水中を進む超音波の速度は，秒速1,500 mで，例えば，発信した超音波の海底での反射波が測定された時間が1秒であれば，海底までの距離（水深）は1,500 mということになる。また，超音波の周波数は，15 kHzから200 kHzまでの帯域を使用することが多い。低い周波数の波は，指向角（進行する波が広がっていく角度）が大きく，高い周波数の波はその逆であることを利用し，例えば，50 kHzの超音波（指向角：約50°）を使用し広範囲の海域から魚群を探索し，その後，200 kHzの超音波（指向角：約12°）を用いて，より狭い範囲の精度の高い探索を行うというような魚群探知が行われる。口絵-9に魚群探知機の表示画面例を示す。左右に2画面あるが，周波数の異なる超音波による測定結果を表している。各画面とも，横軸は時間軸で，右に行くほど新しい情報を表す。縦軸は，深度を表し，超音波が反射した物体がある深度の部分に色がつくことによ

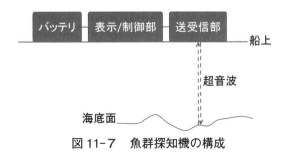

図11-7　魚群探知機の構成

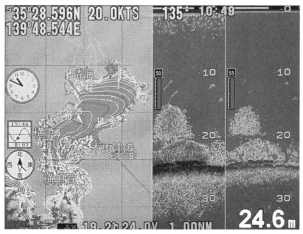

図 11-8　GPS プロッタ機能付きの魚群探知機
〔画像提供：本多電子〕

り，測定結果を表している。画面下方の横に伸びる濃い帯は，海底の形
状を表している。それより上方にある点状などの色は，魚などがいるこ
とを表している。この測定結果に現れる魚群の形状や大きさにより，魚
の種類を予測し，漁業に役立てている。

　漁船では，魚群探知機とともに GPS プロッタも利用されている。こ
れは，GPS で測定した位置を記録し，地図上に航海軌跡を描く機械で
ある。この機械と魚群探知機を併用することにより，いつどこでどのよ
うな魚群探知機の反応があったかということが視覚的に認知できるの
で，効率の良い漁業が遂行できる。図 11-8 は，GPS プロッタ機能付き
の魚群探知機の画面の例で，左画面の地図の中心が測定している場所の
位置を示している。

4. まとめ

　農業，林業，海洋管理において，広範囲を監視するためにリモートセンシング技術について解説した。衛星データ，ドローン，GIS 等のさまざまな技術を融合しながら利用されていることを解説した。

参考文献

[1]　井上吉雄編著『農業と環境調査のためのリモートセンシング・GIS・GPS 活用ガイド』（森北出版）
[2]　加藤正人『森林リモートセンシング 第4版』（日本林業調査会）

 学習課題

1. リモートセンシング技術がどのような作物や植物に利用できるか考えてみよう。
2. リモートセンシング技術により船舶の航行を支援するための流氷の監視，石油の流出の検知など，どのような利点があるか考えてみよう。

12 | 行動，生態，文化財調査における活用

川原靖弘

《**目標＆ポイント**》 情報通信機器やセンサの小型化，省電力化により，人が
常時携帯する機器や動物に装着したセンサを利用し，行動や生理情報を地理
空間情報とともに記録することが可能になっている。これらの情報は，行動
認識や生態調査に利用されている。さらに過去の時代の生活習慣や生態の推
定を行うために，考古学分野では遺跡の地理空間情報化が行われている。本
章では，これらを実現するための技術や情報の形態について事例を交えなが
ら解説する。
《**キーワード**》 モバイルセンシング，情報通信端末，バイオロギング，生体
センサ，遺構図，地下レーダ探査

1．モバイルセンシング

（1）モバイルコンピューティング

　情報通信機器の小型化，省電力化により，スマートフォン等に代表さ
れる情報通信端末を，多くの人が常時携帯するようになった。このよう
なネットワークに常時接続された小型のコンピュータを常時携帯するこ
とにより，携帯している人の情報をリアルタイムに把握することが可能
になった。情報通信端末の生活環境における概念的な位置と構成要素を
図12-1に示す。図中の情報通信端末の構成における外部インタフェー
スを通して，所持者の情報，周辺の環境情報，そしてネットワーク上の
情報を結びつける。インタフェースとは，人間と機械との接点，機械と

機械との接点，機械と環境との接点などを指す。携帯電話やスマート
フォン等の外部インタフェースには，ボタンやタッチパネルなどの操作
部，ディスプレイや LED 等の表示部，加速度センサや照度センサ等の
センサモジュール，またカメラ，マイク等が含まれる（**図 12-2**）。こ
の外部インタフェースを通して得られる人間の行動や周囲環境の情報
が，モバイル情報通信端末の演算装置（CPU）で処理され，端末自身
やネットワーク上のサーバなどに蓄積し，さまざまなサービスで利用さ
れる。

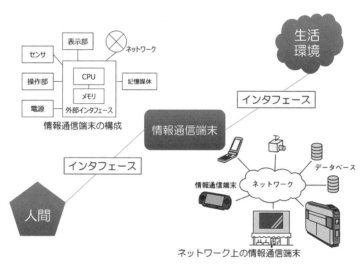

図 12-1　生活環境における情報通信端末

図 12-2　情報通信機器の外部インタフェース

　日本では，2009 年頃から多くの携帯電話端末に GPS 機能が搭載され，現在普及しているスマートフォンには，無線 LAN 機能や NFC（Ncar field communication，近距離無線通信）機能が搭載されているものが多い。これらの機能を使用して，情報通信端末の位置を把握することが可能であり，外部インタフェースから得られる情報と端末の位置情報を組み合わせると，特定の行動や環境変化が，いつどこで起こったのかが推定可能となる。

　このような状況の中で，位置情報と外部インタフェース入力情報を使用して情報通信端末のユーザに対し行うさまざまなサービスが存在する。常にユーザの行動を蓄積し，その情報，もしくはその情報に見合うサービスを提供するサービスもある。日常生活における自身の行動や状況を記録しデータベース上に整理しておくことはライフログとも呼ばれている。

　今日，スマートフォンやスマートウォッチ等の身につける端末が普及し始めているが，身につける情報通信端末を使用して情報の収集や情報処理を行うことをウェアラブルコンピューティングという。また，生活環境中の情報通信機器（人感センサ，デジタルサイネージ，無線 LAN アクセスポイント，情報家電，街頭カメラなど）により，モバイル端末から得られるユーザの情報の補強，通信が可能となる。このような日常生活空間になじむ形で設置された情報通信端末による処理をユビキタスコンピューティングといい，ウェアラブルコンピューティングと連動して，さらに精緻なモバイルセンシングが可能となる。ウェアラブルコンピューティングにはいくつかの課題があり，端末の低消費電力化，効率的で高速な情報通信方式の適用，柔軟なセンサ機能材料の埋込み技術の発展により，日常生活者に負担を強いない優れたシステムデザインが実現する。

（2）ヒューマンセンシング

　前述のモバイルコンピューティングにより実現可能な，人間の情報の
センシング（ヒューマンセンシング）について，考えてみる。モバイル
情報通信端末で位置情報を把握する方法は，複数ある。ここでは，よく
用いられるのは，GPS 機能，無線 LAN 機能，NFC 機能である。GPS
は，GPS 機能の搭載された端末から 3 基以上の GPS 衛星が見通せる場
所において，数メートル以内の精度で端末位置の把握ができる。屋内
や，高層ビルが密集する地域では測位が不可能である。GPS を用いた
測位サービスは，世界規模でのプラットフォームの標準化がなされてお
り，世界中どこでも同様のインタフェースで利用できるのが特徴であ
る。

　モバイル情報通信端末の無線 LAN 機能を用いると，周囲の無線
LAN アクセスポイントからの電波強度と ID から，端末の位置を推定
することができる。この測位サービスはサービス提供側が，アクセスポ
イントの ID と位置を把握するか，測位地点において受信可能なアクセ
スポイント ID が学習されていることが必要であり，このような条件が
整備されていると，アクセスポイントの設置間隔程度かそれ以上の精度
で端末の位置推定が可能になる。

　NFC 機能を用いたモバイル端末の位置推定方法は，NFC チップの埋
め込まれたモバイル端末やカードと通信を行った NFC リーダ / ライタ
端末の設置位置が，通信時点における端末位置となるというシンプルな
ものである。NFC リーダ/ライタ端末の例として，デジタルサイネージ
や交通機関の自動改札などが挙げられる。RF タグのついた商品の流通
や在庫の把握に利用する方法と同等の方法であるが，駅の自動改札のよ
うに NFC リーダ/ライタ端末が日常的に利用する位置に存在すること
で，利用者の動線を把握することも可能になる。

　情報通信端末に埋め込まれたセンサモジュールにより，利用者の生体情報を採取することができる。よく利用されているのは，加速度センサである。加速度センサを用いることで，利用者の歩行状態，活動量などを予想し，推定された行動情報と連動したサービス提供や，健康管理などに応用することができる。図12-3に，モバイルセンサを所持し，商用ビル内を移動し，加速度，気圧を計測した例を示す。このようなデータを用いて街中での行動を推測し，特定エリアの動線の把握や個別利用者への情報提供を実現しようとする動きもある。身体の特定の部位に装着するウェアラブル情報通信端末を利用することで，さらに幅広い生体情報のセンシングが可能になる。図12-4は，胸部に貼り付けした15 gのセンサで連続してセンシングした心電波形をもとに算出された，心拍数と自律神経活動指標の変化を示している。このように心身の健康管理に有用な情報の収集も可能である。

　上記の他に，携帯しながらの計測が可能な生体センサに，視線追跡計，呼吸センサ，筋電計，脳波計，NIRS（Near-infrared spectroscopy，近赤外光脳機能イメージング）装置などがある。それぞ

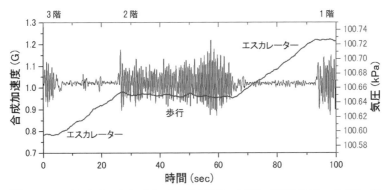

図 12-3　モバイルセンサによる加速度，気圧，温度のモニタリング

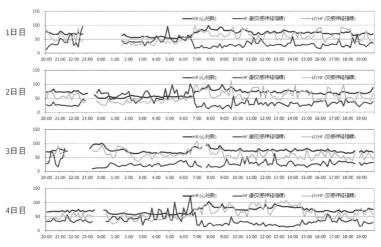

図12-4　ウェアラブルセンサによる自律神経活動のモニタリング

れ，体の動きによるノイズ情報の除去方法，日常的に身につけるための
さらなる小型省電力化など，日常利用には課題が残っているが，このよ
うな機器を用いた脳機能解析により，ユーザの意思や想定していること
を読み解く研究も進んでおり，将来は，これらのセンサも日常利用をす
るモバイル端末に搭載されていくことも考えることができる。特に，脳
と機械（情報機器）が情報をやりとりするインタフェースのことをブレ
インマシンインタフェース（BMI）と呼び，日常生活になじむBMIが
デザインされることにより利用者の意思や注意を推定し，活用するサー
ビスが展開されることが考えられる。

（3）ヒューマンプローブ

　携帯情報通信端末を用いて，ユーザの周囲の環境をセンシングするこ
とができる。光環境，音環境，温冷環境などをセンシングすることによ

り，ユーザの周囲環境の把握が可能になる。

　GPS などの位置情報機器と併用し，ユーザの周囲の状況，また周囲の状況により引き起こされるユーザの行動を把握することにより，広範囲の環境情報を取得することができる。このような人間の移動による走査型の環境情報モニタリング方法を，ヒューマンプローブと呼ぶこともある。一定時間変化しない情報（放射線量，地形など）を簡便に調査するのに役立つ。

　多数のユーザが積極的に情報を提供することで，提供した時間・場所における状況を集約し，広範囲の地域の環境情報を可視化することも行われている。情報通信端末による天気の状況報告を集約公開するサービスは，詳細な天気の実況を実現している。

2. バイオロギング

（1）野生動物の情報を記録する

　GPS やモバイルセンシング機器は，動物の生態を調査するためにも利用されている。動物の移動を追跡するためには，動物に GPS 受信機を取り付け，受信機の回収や無線通信により移動軌跡データを回収する。動物に装着したデータロガの省電力化や，GPS 衛星の電波が届かない水中で生活する動物のモニタリングにおいて GPS が使用できない場合，照度センサの出力と時刻により日の出・日没時刻および日長を推定し，動物の位置（日の出・日没時刻から経度，日長から緯度がわかる）を求める方法もある。また，動物に電波発信機を取り付け，指向性アンテナと電波受信機を用いて発信電波の方向や強度を測定することにより，移動軌跡を推測することも可能である。このような，動物に小型の記録計を取り付け動物の行動・生理・生態などに関するデータを記録することは，バイオロギングと呼ばれている.

　動物の移動状況や姿勢は，加速度センサを動物に装着し測定すること
により推定することができる。走行しているか停止しているかは，各状
態の特徴的な加速度波形を抽出することで推定を行い，姿勢（立ってい
る，走行している，寝ている等）は，加速度センサで計測される重力加
速度を検出することにより，推定が可能である。例えば，四肢歩行をす
る動物であれば，歩行中や立位時は，棒状の四肢と同じ向きの軸の加速
度計の値が，重力加速度 $9.8\,\mathrm{m/s^2}$ に近い値を示すはずである。このよ
うな移動状況や姿勢といった動物の行動情報は，時刻と位置で表される
時空間情報とともに管理され，特定の個体がいつどこでどのような状態
であったかをいうことの解析が行われる。温度センサや電圧ロガを用い
ることで，体温，心拍，筋電などの動物の生理情報の計測も可能であ
る。計測のために，センサを体内に埋め込むことや，動物用の生体電気
信号計測のための電極（electrode）の利用をすることが必要になる生
体情報もある。また，動物にカメラやマイク，温湿度計，照度計などを
装着することにより，動物の周囲環境の情報を記録することができる。
前項で触れたヒューマンプローブと同様の計測形態である。

表 12-1　動物の状態を検出するセンサ

	計測情報	センサおよび計測システム
移動	位置	GPS，テレメトリ，照度計
	高度	GPS
	水中深度	歪みゲージ
行動	移動停止	加速度計，角速度計
	姿勢	加速度計
	向き	角速度計，地磁気センサ
生理情報	体温	温度計
	心拍数	心拍計
	筋電	筋電計
周囲環境情報	温湿度	温湿度系
	照度	照度計
	画像	カメラ
	音	マイク

　これらの方法で計測や推定を行った動物の行動や生理状態，周囲環境は，動物の特定の行動の判定にも利用される。例えば，目標物の認知，探餌行動，産卵時期，仲間とのコミュニケーション等がいつどこで行われたかが，センシングされたいくつかの情報を組み合わせることにより判定ができる。

（2）データロガ

　動物の情報を計測するためには，動物にセンサを装着しその出力値を記録する必要がある。このような装置はデータロガと呼ばれる。データロガの基本構成は，図12-5に示すように，センサ，A/D コンバータ（アナログ – デジタル変換回路），プロセッサ（演算装置），制御装置，メモリ，バッテリから成り，必要に応じて，通信モジュール，操作インタフェース，装着治具，表示装置が加わる。

　センサは，実空間の事象をデジタルデータとして情報機器に取り込むために用いられる。センサは，物理現象や化学物質などを電気信号に変換する装置であり，変換された電気信号（アナログ信号）は，A/D コンバータ（アナログ – デジタル変換回路）によりデジタル信号に変換される（図12-6）。センサにより実空間の事象を電気信号に変換するこ

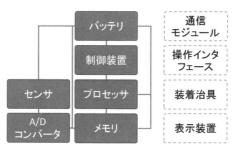

図12-5　データロガの構成

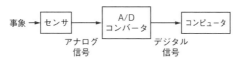

図 12-6　実空間の事象のデジタル化

とをセンシング，これらの装置を用いて事象をデータとして採取することをサンプリングという。サンプリングされたデータは，データロガ内のメモリに蓄積され，必要に応じて通信インタフェースを通して，外部に取り出される。

　このデータロガを動物に装着する際，最も重要視されるのは，その重量である。陸上および空中で生活する動物に装着できるデータロガの重量は，動物の体重の 2 % 〜 5 % とされている。したがって，データロガは，装着治具も含め，この重量以下にするという条件の下，デザインされることになる。長期間のサンプリング，高いサンプリング周波数でのサンプリングを行う場合，バイオロギング全期間で消費する電力は大きくなり，それに見合った容量のバッテリを内蔵することとなり，重量が増す。また，無線通信には比較的大きな電力が必要となるため，バッテリの重量を軽くするために，通信時間を必要最小限にとどめるための通信タイミングの考慮や，省電力化が可能な通信規格の選択がなされる。

　野生動物に装着したデータロガのデータは，生態の解析のために回収する必要があるが，いつどこにいるかわからない野生動物に装着したデータロガもしくはデータロガ内のデータを回収するのは難しく，さまざまな工夫がなされている。例えば，データロガ内に電波発信装置（ビーコン）を内蔵し，ビーコン電波を指向性受信機で探索することにより回収する方法，データロガに公衆無線通信モジュールを内蔵し，公衆無線通信網に動物がいるときに，遠隔でデータロガ内のデータを吸い

182

出す方法等がある。いずれの方法でもデータロガ自体の動物からの取り外しと回収は必要であり，動物の習性を利用し捕獲することで回収することが多い。捕獲せずにデータロガを動物から取り外す方法として，タイマー制御等によりデータロガの装着治具を切り離す方法があるが，切り離されたデータロガの回収が可能な場所で切り離す必要があるので，切り離し装置の制御のタイミングは調査環境や動物種により検討する必要がある。

（3）陸上，海中，空でのバイオロギング

　陸上および空中で生活する動物に装着できるデータロガの重量は，動物の体重の2%〜5%とされている。したがって，例えば，4,000 kgのゾウであれば，200 kgまでのデータロガが装着可能であるが，体重が4 kgのイヌであれば，200 gまでのデータロガしか装着できない。水中で生活する動物に対しては，浮力や遊泳抵抗を加味しデータロガ重量の許容範囲を考える。

　バイオロギングは，観察者が直接観察できない野生動物の生態（日常の生活）を解明するときに必要な手段である。特に，空や海で生活をする動物のバイオロギングを行うことで，実験室や手作業での屋外観察では得られない，動物の生態が解明されている。例えば，渡り鳥の生態調査には，人工衛星を用いたシステムが利用されている。人工衛星で鳥に装着した送信機からの信号を受信し，その信号を解析することで鳥の位置を推定する．この方法で，絶滅危惧種に指定されている渡り鳥のコウノトリの渡り経路，繁殖地，中継地，越冬地を特定し，生育地保全に役立てる研究も行われている。

　加速度計や圧力計を用いることで，水中で生活する動物の水中での3次元位置と泳ぐ速度を計測することができる。口絵-10は，深度400 m

付近でのキタゾウアザラシの移動軌跡の例であり，深海で腹を上にした
状体でゆっくりらせん潜行している（休憩している）ことが推測でき
る。また，生理情報を位置情報とともに記録することで，動物のより詳
細な生態解明が可能になる。**口絵-11** は，マンボウの一日の行動データ
で，水中の深度，摂餌行動（カメラにより撮影），体温，水温が記録さ
れている。このデータより，深度 100〜200 m で摂餌を行うが体温が冷
えると，水面で体温を回復するという行動が読み取れる。

　昆虫の行動センシングにおいては，テレメトリ技術を用いて行われて
いる研究がある。**図 12-7** は，ミツバチに電波発信機を装着した写真で
ある。探餌のための飛行を追跡するために利用されている。エサ場の場
所を仲間に伝達するための“8の字ダンス”の示す情報の意味は仮説の
域を出ていなかったが，このような手法でのバイオロギングにより，仮
説の証明に繋がる。

図 12-7　ミツバチの飛行追尾装置
〔出典：[4] より引用〕

3. 文化財調査における地理空間情報の利用

（1）遺構実測図

　考古学や遺跡調査において，遺跡の配置を測定して地図に表したものを遺構実測図という。遺跡の記録保存のために残される地図で，**図12-8**のようなものである。この図は，地盤の質や色の違いから，柱などの遺構が描画されている。平面図と断面図を組み合わせることで，遺構を3次元的に把握することができる。この図では，座標と標高を記入してあり，遺跡の位置の絶対参照が可能である。遺構実測図の中には目

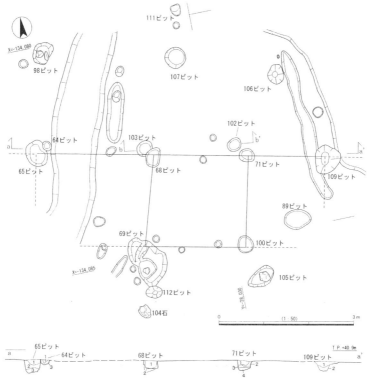

図 12-8　遺構実測図
〔出典：［5］より引用〕

標物があり，それを指標にして遺構の配置が描かれているが，目標物に永続的に存在するものを設定しない実測図も存在し，その場合，どこに存在していた遺構か判断することができなくなる。今日においては，緯度経度の座標を持った目標物を定めたり，GIS で実測図を感知したりする方法を以て，地理空間情報を含む遺跡の記録保存がなされている。

（2）さまざまな測量と GIS

遺構図の管理は，その場所を絶対的に特定するために，現在の地球座標（緯度，経度，標高）の情報とともに管理することが一般的となっている。遺構図の作成の際，多くは，測距機能などを有するトータルステーションや写真測量により，従来の方法に基づき測量を行うが，近年の技術の進化により，さまざまな測量方法が導入されている。

その一つとして，レーザスキャナがある。レーザスキャナは，装置から周囲へレーザを照射し面的な測距を行うことにより，周囲環境の 3 次元地形や物体配置の情報を取得することができる。この手法を用いた測量方法は LiDAR（ライダー）と呼ばれる。レーザスキャナの写真と出力描画画像の例を図 12- 9 および図 12-10 に示す。

図 12-9　　　　　　　図 12-10　レーザスキャナによる遺跡の描画
レーザスキャナ
〔画像提供：いずれも金田明大（奈良文化財研究所）〕

186

　発掘作業をせずに地下の状態を調査することも行われている。レーダ探査機を用いて地中を測定する方法が用いられる。深度を含めた3次元情報を得ることができる。また，画像の合成を行い地理空間情報を付加するソフトウェアを用いると，デジタルカメラの写真から，3次元位置情報の埋め込まれた合成写真を作成することもできる。

　これらの情報は，GISを用いて管理されることが多くなっている。GISは，緯度経度の情報がある種類の異なる図や画像をレイヤーとして重ねることができるので，現在の地形情報と遺構図とを重ね合わせることなどで，考古学的考察を行う際のツールとして役立っている。**図12-11** は，地形図と地中レーダ画像を重ね合わせた図で，窯が存在した位置を地図上で推定することに利用できる。

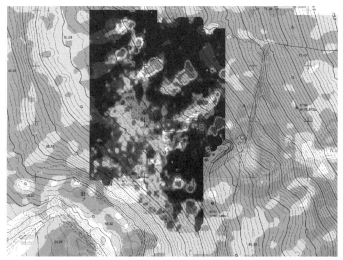

図 12-11　GIS による地中レーダ画像と地形図の合成
〔画像提供：金田明大（奈良文化財研究所）〕

4. まとめ

本章では，人が常時携帯する機器や動物に装着したセンサを利用し，行動や生理情報を地理空間情報とともに記録する技術を利用し，取得された情報の行動認識や生態調査での利用について，さらに過去の時代の生活習慣や生態の推定を行うために考古学分野での，遺跡の地理空間情報化について，技術や情報の形態について事例を交えながら解説した。

参考文献

〔1〕Shimazaki et al., Network analysis of potential migration routes for Oriental White Storks. Ecol. Res. 19, 683-698, 2004

〔2〕Yoko Mitani, Russel D. Andrews, Katsufumi Sato, Akiko Kato, Yasuhiko Naito and Daniel P. Costa. 3D resting behaviour of northern elephant seals：drifting like a falling leaf. Biology Letters 6：163-166, 2010

〔3〕Itsumi Nakamura, Yusuke Goto, Katsufumi Sato, Ocean sunfish rewarm at the surface after deep excursions to forage for siphonophores, J. Anim. Ecol., 84, 3, 590-603, 2015

〔4〕J. R. Riley, U. Greggers, A. D. Smith, D. R. Reynolds & R. Menzel , Waggle Dance Controversy Resolved By Radar Records Of Bee Flight Paths, Nature 435 (7039)：205-207, 2005

〔5〕平田泰，遠藤啓輔「（財）大阪府文化財センター調査報告書　第148集　有池遺跡II　主要地方道枚方大和郡山線（都市計画道路村野神宮寺線）道路整備事業に係る埋蔵文化財調査報告書」（財団法人大阪府文化財センター，2006）

1. 身近なもので，モバイルセンシングにより生成される地理空間情報について，考えてみよう。
2. 動物の生態調査において，どのような地理空間情報が有効活用できるか，考えてみよう。

13 | 海外における活用

長井正彦

《目標＆ポイント》 日本では見られない海外の地理空間情報やリモートセンシングの利用例や国際協力例を挙げ，グローバルな視点での取り組みの事例を示す。

《キーワード》 海外，SDGs，国際協力，マラリア，新型コロナウイルス，リモートセンシング，災害

1．地球規模課題

（1）SDGs と宇宙

　持続可能な開発目標（SDGs）とは，2015 年の国連サミットで採択された国際目標で，持続可能な世界を実現するために 2030 年までに達成すべき 17 の目標を掲げている（図 13-1）。貧困，飢餓，保健，教育，ジェンダー，水・衛生，エネルギー，成長・雇用，イノベーション，不平等，都市，生産・消費，気候変動，海洋資源，陸上資源，平和，実施手段について目標を立てている。これらを達成するために，宇宙や地理空間情報の活用が期待されている。SDGs における世界規模の課題を解決するには，それぞれの国の状況を客観的に把握する必要があるが，現地に直接行って調査するとなると，膨大な予算と時間が必要になり，また同じ指標で評価するのは困難である。

　衛星データは，世界中を同じセンサにより，同じ基準で客観的に評価することができる。世界中を同じ基準で評価することができれば，地球

図 13-1　SDGs における 17 の持続可能な開発目標
〔出典：外務省〕

　上のどこで何をすればよいのか明確になる。特に途上国においては，地
上のデータ不足のために解決が難しかった課題に対しても，衛星データ
を利用することで，今まで見えてこなかった課題を明確にすることがで
き，解決につながった事例も多くある。

　SDGs のための衛星データ利用の代表的な取り組みとして，国際協力
機構（JICA）と宇宙航空研究開発機構（JAXA）は，地球観測衛星「だ
いち 2 号」を用いて約 80 ヶ国の熱帯林の伐採・変化の状況をモニタリ
ングし，「JICA-JAXA 熱帯林早期警戒システム」を構築し，宇宙から
違法伐採や森林の変化を監視し，豊かな熱帯の管理を目指している
（SDGs 目標 13，15）。

　洪水や干ばつなどの水災害被害が増加している途上国では，雨量や河
川の流量といった水文データが不足している。JAXA では，複数の人
工衛星により取得された降雨データを合成した全球衛星降水マップ

（GSMaP）を構築し，世界の雨分布を 1 時間ごとに公開している。これにより宇宙から降雨を観測し，洪水被害を軽減できる取り組みを行っている（SDGs 目標 6，11，13）。

　このように宇宙データ利用は SDGs 達成のための，また問題解決のための重要な解決手段の一つであると言える。

（2）地球温暖化

　地球温暖化は，人間の活動に起因して，大気中に含まれる二酸化炭素やメタン等の温室効果ガスが大気中に増え，地球全体の平均気温が上昇している現象のことである。気温が上昇すると，海水の膨張や氷河の融解による海面上昇，また気候変動や異常気象による自然災害の発生，生態系や環境，農業などへの影響が懸念されている。

　IPCC（気候変動に関する政府間パネル）は，温室効果ガスの継続的な排出は，さらなる温暖化と気候変動をもたらす恐れがあると警告している。温暖化対策として国際的な活動から個人的な省エネ対策まで，さまざまな活動が注目されている一方で，これらの活動の成果を定量的に評価することはとても難しい。

　JAXA が運用している温室効果ガス観測技術衛星「いぶき」は，二酸化炭素やメタン等の温室効果ガスの濃度分布を宇宙から観測することができる（**図 13-2**）。さらに，雲・エアロゾルセンサにより，微小粒子状物質（PM2.5，ブラックカーボン等）の大気汚染監視も可能である。

　地球全体の温度上昇に関しては，JAXA が運用している気候変動観測衛星「しきさい」に搭載されている多波長光学放射計（SGLI）というセンサにより，可視光から，赤外線，熱赤外までの波長域を観測し，地球の表面の温度を計測し，地球温暖化などの気候変動に関するさまざ

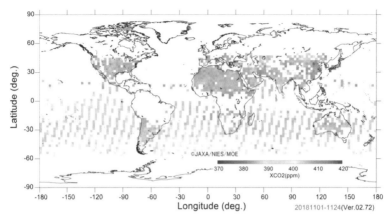

図 13-2　「いぶき」により観測された大気中の二酸化炭素濃度
〔JAXA のデータをもとに山口大学作成〕

まなデータを取得することができる。

　地球規模の温暖化対策としては，さまざまな衛星データにより森林伐採，森林劣化を観測している。森林による二酸化炭素の吸収を推定し，地球温暖化対策に利用している。森林の把握と温室効果ガス削減の政策評価を地球規模で行うには，衛星リモートセンシング技術は不可欠である。

（3）気候変動

　気候は数十年という長い時間の大気の状態の移り変わりをいう。この気候がさまざまな要因により長い時間のスケールで変動することを気候変動という。気候変動は，太陽活動の変化や火山の噴火による大気の変化など自然の要因によるものと，森林破壊や化石燃料の消費による温室効果ガスの増加による人的な要因があるが，その影響を最小限に抑えるためには，長期的なモニタリングが不可欠である。

　地球観測衛星によるリモートセンシングは，地上では観測することが
難しい全球データを取得することができる。人工衛星は同じ上空の軌道
を繰り返し通過するので，同じ場所を何度も繰り返して観測し，季節や
年月による変化を長期間にわたってモニタリングできる。

　気候変動の影響と考えられる現象は，さまざまな形で現れ始めてい
る。例えば，気候変動の影響により，地域によって無降水日数の増加や
積雪量の減少による干ばつの増加が予測されている。

（4）新型コロナウイルス

　2020 年から 2022 年，世界各地で新型コロナウイルスが猛威を振るっ
た。衛星リモートセンシング技術を用いることにより，新型コロナウイ
ルスのパンデミックによる社会の変化を捉えることができる。衛星デー
タにより，新型コロナウイルスの感染状況を直接見ることはできない
が，人間活動や経済活動の状況を広域で可視化することが可能である。

　欧州宇宙機関（ESA）が運用する Sentinel-5 衛星は，大気中のオゾ
ン，メタン，ホルムアルデヒド，エアロゾル，一酸化炭素，二酸化窒
素，二酸化硫黄を正確に観測することができる。新型コロナウイルスの
発生後は，多くの工場の稼働が止まり，大気中の二酸化窒素濃度が減少
した。特に中国では顕著にその様子が捉えられており，空気が綺麗に
なっていることが宇宙から観測できた。

　人工衛星からは，夜間の都市や街の光を観測することもできる。夜間
における都市の光は，都市の活動の活発さとして評価をすることができ
る。夜間光により，新型コロナウイルスの発生による都市の経済活動の
減少を推定することもできる。**図 13-3** に香港周辺の夜間光の変化を示
す。左が新型コロナウイルスの発生前の 2019 年 3 月，右が新型コロナ
ウイルスの発生後の 2020 年 3 月である。

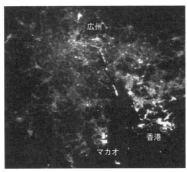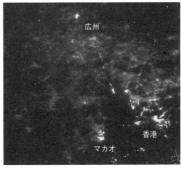

図13-3　新型コロナウイルス感染拡大前後の夜間光
〔NASA のデータをもとに山口大学作成〕

（5）森林火災

　世界中で発生している大規模な森林火災が大きな問題になっている。森林火災は，延焼により生命や住居を失うだけでなく，二酸化炭素の増加による地球温暖化や森林の焼失による生態系，自然環境など多方面に影響を与える。森林火災の発生には，自然発火と人為的要因の２つの原因がある。自然発火は，落雷や火山の噴火等が原因で発生する森林火災である。一方，人為的要因による森林火災は，たき火やたばこ等の火の不始末や，焼き畑などが原因で発生する。

　森林火災を観測する手法としては，１日に２回観測することのできる米国の NASA が運用しているテラ衛星とアクア衛星が有効である。これらの衛星に搭載されている MODIS というセンサは，熱赤外域の波長を観測することができ，地表温度，火災，噴火，海面温度等を監視できる。

（6）マラリア

　熱帯，亜熱帯の諸国に広がるマラリアやデング熱など蚊が媒介する感

染症リスクについても感心が高まっている。蚊は「世界で最も多くの人間を殺す生物」と言われており，日本でも数年前にはデング熱の国内感染が報告され，また蚊を媒介とするジカ熱が流行したことも記憶に新しい。

　感染に関する局地的なデータを国・地域レベルの対策につなげるためにはさまざまなスケールの環境・人口動態データを用いて，得られた知見を共有することが必要である。罹患状況等の現地調査データを，気象条件，森林や水域分布，土地利用等の環境条件と突き合わせることで，初めて面的に感染リスクが明らかになる。

　感染拡大を抑止するためには，住居の分布と人々の移動（日常的な移動から，季節移動，災害避難など），生計・居住活動等を把握し，感染危険者の重点的・集中的な検査や隔離などが必要となる（**図 13-4**）。

　衛星データを利用したリモートセンシング技術により，土地被覆分類マップ，森林分布マップ，月別の土壌水分マップ，水田等の分布マップ（月別の湛水状況なども含む）などを構築することができる。また，長期間のアーカイブデータが無償で公開されている衛星データもあり，環境の変化傾向についてもモニタリングすることができる。これらの環境マップは，マラリアを媒介とする蚊の生息地域を推定するための重要な基盤情報となる。

　これらの環境マップは，医療機関の診療記録や患者の分布と GIS（地理情報システム）を用いて統合することができる。患者の分布・移動・生活パターン情報と重ね合わせることにより，環境変化等による蚊の分布可能性領域の変化や，道路インフラの整備等による人の生活行動圏の変化などに応じた感染警戒情報として提供できるようになる。

196

図 13-4　マラリアに関連する地理空間情報
〔出典：山口大学〕

2. 災害時の国際協力

（1）国際災害チャータ

　世界中で大規模な災害が多数発生しており，衛星データが被害状況の把握や対策に利用されている。地球観測衛星の画像を国際的に無償で提供し合う枠組みとして 2000 年に成立した国際憲章に国際災害チャータがある。災害は，さまざまな場所で発生し，被災国の中には地球観測衛星を保有していない国もあるので，災害対策において国際災害チャータの役割は非常に重要である。

　国際災害チャータは「自然または技術的な災害時における宇宙施設の調和された利用を達成するための協力に関する憲章」で，17 機関が加入し，多くの地球観測衛星により災害観測を実施している（2021 年 2

月)。国際災害チャータが対象とする災害は，人命の喪失または大規模
な財産の滅失を伴う非常に困難な事態であると定義されている。

　JAXA は 2005 年から参加しており，地球観測衛星「だいち」や「だ
いち 2 号」による衛星データを多く提供している。国際災害チャータへ
のデータ提供では，最も多く災害に利用されている衛星データの一つで
ある。国際災害チャータの活動が 2000 年に開始してから 2021 年 2 月ま
で，699 件の発動があり，衛星データの解析結果が被災機関に提供され
ている。

　2011 年に発生した東日本大震災では，国際災害チャータを通して
5000 シーン以上の衛星データが世界中から提供され，被害の把握や復
旧，復興に役立てられた。**図 13-5** は，宮城県沿岸の津波被害を示して
いる。

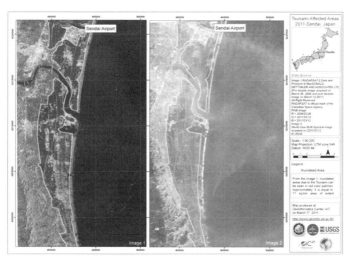

**図 13-5　東日本大震災（2011 年）の際に国際災害チャータ
から提供された衛星データ**
〔出典：アジア工科大学院〕

（2）センチネルアジア

　ベルギーのルーベンカトリック大学災害疫学研究所がまとめている
1986 年から 2015 年までの自然災害に関する統計情報によると，日本を
含めたアジア地域が世界中で，最も災害の影響を受けている。世界全体
の 39％の災害がアジアで発生しており，災害による死者数は世界全体
の 61％，被災者数の約 89％ を占めている。つまり，全世界の 39％ の災
害数に対して，非常に多くの被害がアジア地域から出ている。特に途上
国においては，地上の社会基盤の整備されていない地域も多く，情報の
少なさが被害拡大の原因にもなっている。このような地域では災害対応
に衛星データを利用することは必要不可欠である。

　アジア・太平洋地域の災害時の衛星データ利用に目を向けると，災害
監視ができる人工衛星を保有している国は限られており，また国家的な
宇宙機関がない国も多くある。人工衛星を保有しない国においても，災
害時の衛星データは重要な情報源であるため，センチネルアジアと呼ば
れる国際プロジェクトが 2006 年にスタートした。

　センチネルアジアは，宇宙からの衛星リモートセンシング技術を用
い，アジア・太平洋地域の災害対策支援を目的として立ち上げられた。
アジア・太平洋地域の宇宙機関，防災機関，国際機関，大学が連携し，
大規模災害発生時には，各国の防災機関からの要請に基づき，地球観測
衛星による緊急観測と災害マップの作成を行っている。センチネルアジ
アには，2021 年 2 月時点，日本をはじめ 28 の国と地域から 91 機関が
メンバーになっている（図 13-6）。

図 13-6　センチネルアジアのメンバー国
〔出典：センチネルアジア〕

3. まとめ

　本章では，海外の地理空間情報やリモートセンシングの利用例や国際協力例を挙げ，グローバルな視点での取り組みを解説した。SDGs や地球温暖化等の地球規模課題，災害時の国際協力について解説した。

参考文献

［1］外務省　Webサイト（https://www.mofa.go.jp/mofaj/gaiko/oda/sdgs/index.html）
［2］宇宙航空研究開発機構（JAXA）Web サイト（https://www.jaxa.jp）
［3］JICA-JAXA 熱帯林早期警戒システム（https://www.eorc.jaxa.jp/jjfast/）

200

〔4〕 International Disaster Charter Web サイト（https://disasterscharter.org）
〔5〕 Sentinel Asia Web サイト（https://sentinel-asia.org）

1．SDGs と地理空間情報やリモートセンシングの関係について考えて
　みよう。
2．大規模災害時の国際協力について考えてみよう。

14 | 参加型データ社会の到来とオープンデータの活用

瀬戸寿一

《**目標＆ポイント**》　情報通信技術（ICT）の発展は，日々の生活の中で膨大な情報を入手しやすくなる以外にも，自らがWebを通じて発信者になり得る仕組みを生み出している。ここでは多様な地理空間情報が，参加型による共有手法を通じて私たちの社会生活で活用されることについて考える。
《**キーワード**》　クラウドソーシング，参加型GIS，ボランティア地理情報，市民科学，オープンデータ

1．ユーザ参加によるデータ共有

　情報通信技術（ICT）の発展は，私たちの生活にかかわるさまざまな地理空間情報を容易に取得し活用することを可能にした。私たち自身もWebブラウザやスマートフォンをはじめとする端末や各種インターフェースを通して，情報発信者ともなりつつある。本章では始めに，ユーザ参加に基づくデータ共有の諸側面について概観する。

（1）クラウドソーシング

　クラウドソーシングという用語は，2000年代中盤以降インターネット上に散在する群衆（クラウド）に対して，企業等による外注（アウトソーシング）が起こり始めた現象を，ワイアード誌の編集者であったハウらによって定義されて広まった（ハウ，2009；Grier，2013）。現在，

多くの分野の論者によってさまざまな定義がされているが，一般的には
「不特定多数の人々に作業や，お金の拠出を依頼するなど，何らかの貢
献を委託すること」（森嶋，2020）とされ，大きく報酬型と非報酬型に
分類される。

　報酬を伴うクラウドソーシングサービスは，例えば「Crowdworks」
や「Lancers」など業務のマッチングサービスが挙げられる。このサー
ビスでは，依頼者がマーケティング調査やデザイン開発，Web サイト
作成，システム構築など，何らかの業務を請け負ってくれる個人を公募
し，応募者とのやりとりをメールやチャット，オンラインミーティング
ツール等を用いて交渉・契約し，得られた成果に応じて報酬を支払う仕
組みである。また，以前から行われていた別の事例としては，2005 年
より始まった「Amazon Mechanical Turk」が挙げられる。これは，写
真・動画に対するタグ付けやデータ検証，翻訳パターンの精度向上など
より細かな作業単位での外注に特化したクラウドソーシングサービスで
ある。これらは，機械的に自動処理しにくい小規模なデータを対象にす
ることから，マイクロタスキングとも称されている。

　他方，非報酬型として，調査活動や科学的な活動に対してもクラウド
ソーシングが適用されるようになってきた。その先駆的な例は，「Galaxy
Zoo」（https://www.zooniverse.org/projects/zookeeper/galaxy-zoo/）
である（図 14-1）。これは Web を活用したクラウドソーシングの中で
も，2007 年から始まったもので，これまで約 15 万以上の人々が参加
し，宇宙望遠鏡などで撮影された銀河の画像データを Web 上で分類す
る取り組みである。初年度には約 100 万もの銀河データが作成され，こ
れまで 5000 万以上の分類が行われた。ここで作成された分類データは
Web を通じて一般にも公開され，後述するオープンデータとして，二
次利用可能な宇宙科学の基礎的なデータになっている点が特徴である。

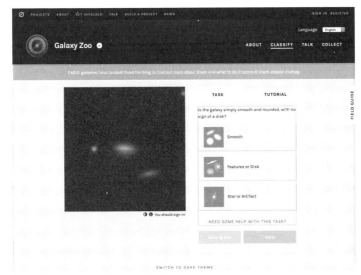

図 14-1　銀河調査に関する参加型の画像分類サイト「Galazy Zoo」の一例
〔出典：https://www.zooniverse.org/projects/zookeeper/galaxy-zoo/classify〕

（2）参加型マッピング

　参加型マッピングは ICT を駆使しながら，人々の主体的な参加に基づき，コミュニティ地図に代表されるローカルな地理的知識（Geographical Knowledge）を地図化する活動を指すものである。このようなマッピングの実践は，1990 年代後半より GIS 研究において取り組まれてきた「参加型 GIS（Participatory GIS）」（若林ほか，2017）とも大きく関係している。具体的には，コミュニティ管理やまちづくりといった都市的な活動のみならず，地図が十分整備されていない地域や，土着の人々の権利が著しく規制されてきた地域におけるエンパワーメントの向上（フリードマン，1995）を目的に，地域資源管理の手法に地図や GIS を使う活動がその一例である。従来このような活動は，紙地図

や3次元的に立体化された地形模型などを用いて行われてきた。しかし、近年では中山間地域や途上国においても、広域の土地の様子を把握できる衛星画像やリモートセンシングデータ、地上でもGNSS受信機などのデバイスが小型化・低廉化することで、フィールドにおいても積極的に用いられている（第4・5・12章などを参照のこと）。

　この参加型マッピングに分類される活動は、特定のテーマや目的で行われ、ローカルな地域に根ざしたものや期間限定で行われる場合もある。他方、Web上で継続的に行われている事例として、Safecastは、2011年3月の東日本大震災を契機に、放射線計測データを自由に利用可能なオープン・ライセンスとして共有するための世界的なプロジェクトで、各種センサデータや自作のガイガーカウンターを通したデータ収集も含む、草の根型のセンサネットワークが構築されている。ここでは、1800万ヶ所以上の計測データが地図サイトやログデータとしてダウンロードすることも可能である（図14-2）。Galaxy ZooやSafecastなど、科学的な要素を含んだ上で、専門家だけでなく興味関心のある市

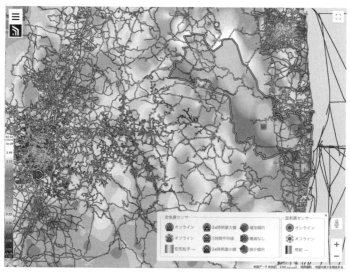

図14-2　ガイガーカウンターで計測された放射線量の共有サイト「Safecast」
〔出典：https://map.safecast.org/〕

民とともにデータ収集を行い，科学研究や政策反映にも結びつけられる活動は，シチズンサイエンス（市民科学）とも称される。このような活動は，市民と研究者の共創の場として第5期科学技術基本計画の中でも，これらを推進する社会的な理解や基盤整備の必要性が求められている（日本学術会議，2020）。

（3）ボランティア地理情報

　地図を中心とする地理空間情報は，これまで国家や行政機関あるいは民間企業によって独占的に作成されることが多かった。したがって，これらの情報を私たちが入手し利用することは，情報の更新頻度はもちろん，有償である場合に価格面で必ずしも容易ではない。他方，時々刻々と変わりゆく地球上の地理的状況を把握するニーズは高く，途上国のように国家や行政機関において市販の地図を作製していないケースも多い。Web が広く活用されている今日において，地図の基となっている地理的知識は，地理学や地域の専門家に位置づけられる人々以外に，非専門家である一般市民が，上記のクラウドソーシングや参加型マッピングの手法を援用しながら自発的に共有し始めている。

　このような社会的な傾向をふまえて，グッドチャイルドは「ボランティア地理情報（Volunteered Geographic Information：VGI）」を提唱し，従来トップダウン的に提供されてきた流れを逆転させる，草の根からの活動を基にした地理空間情報として注目した（Goodchild，2007）。またこれらのデータは，ローカルな人々の地理的知識や生活世界の本質を探るための膨大な情報資源ともなっている。ここで，VGI の担い手として注目されているのは，参加型マッピングで対象となってきた市民以外にも，大規模な位置情報（ログデータ）を有する民間企業なども指し，VGI に対する公益的な役割が期待されている。

2. 草の根による地理空間情報の共有と実践

（1）オープンストリートマップ

「オープンストリートマップ」（OpenStreetMap：OSM）は，VGI の代表的事例の一つとして，2004 年から始まった「自由な」地理空間情報のデータベース作成プロジェクトである（図 14-3）。設立者は，当時ロンドン大学で計算機科学を専攻する学生であったスティーブ・コーストで，オフィシャルサイトによれば 2021 年 6 月時点で約 750 万ユーザに達する世界プロジェクトである[1]。

OSM では，貢献者（マッパーとも呼ばれている）によって作成された個々の地理空間情報が，アーカイブデータとして提供されているほか，さまざまな地図のスタイルを伴うベースマップとして配信され，いずれも再配布・商用利用も可能なオープンデータ（本章の第 3 節を参照）である。したがって，経路情報を含む詳細な道路地図はもちろん，登山・自転車利用者といったアウトドア向けの地図やカーナビゲーション用のルート地図，近年ではデジタルデータとして衣服や雑貨の商品デザインの一部にも取り入れられている。ただし，OSM では自由なライセンスを最大限担保し，現地主義に基づくことから，Google Maps をはじめ一般的な Web 地図からの転載は原則的に認められていない。

このため OSM において地理空間情報を作成・共有するための活動は，個人でツールを使って行われる以外に，「マッピングパーティ」と呼ばれるイベントを通して行われることも多い（図 14-4）。これは，OSM の楽しみ方や基本的なルール，さらにはデータ作成手法を，マッパーと新規ユーザがともに楽しみながらスキル習得するためのイベント

[1] OpenStreetMap Statistics
  http://www.openstreetmap.org/stats/data_stats.html

図 14-3　自由な世界地図作成プロジェクト OpenStreetMap（渋谷周辺）

〔出典：http://www.openstreetmap.org/〕

図 14-4　OSM データ作成のマッピングパーティ（現地調査）の様子

で，日本でも OSM コミュニティを中心に日本の各地をフィールドに実施されてきた。マッピングパーティの多くは，あらかじめ OSM で利用可能な衛星画像などを用いた地図をもとに，現地での目視調査に基づき付加的な情報を紙もしくはデジタルデバイスで直接入力されることが多い。なお，OSM データを用いた外部サービスの一つに，紙地図を任意に出力可能なサービス（**図 14-5**）が提供されているほか，簡単なデータ入力支援のスマートフォン向けアプリケーションも存在する。

　OSM の活動が活発な英国や EU 諸国では，都市部を中心にコミュニティ施設や大学，さらにはパブなど公的な場所で（あるいはオンラインの活動として）毎週のように行われている。日本でも近年，OSM の活動が活発になり，データ整備も全国的に盛んになりつつある。マッピングパーティでは，OSM に用いる地理空間情報を見つけるためにフィールドワークを実施することで，参加者自身にとっても既成地図には描かれない街の姿を明らかにすることや，街の見方が変わるといった効果が

あなた自身の地図帳を作る　　　フィールドで情報収集　　　ノートを撮影
世界中どこでも印刷　　あなたの観察記録や気付きをメモしよう　　写真を撮って アップロード

図 14-5　OSM データ作成用の紙地図作成サービス「Field Papers」
〔出典：http://fieldpapers.org/〕

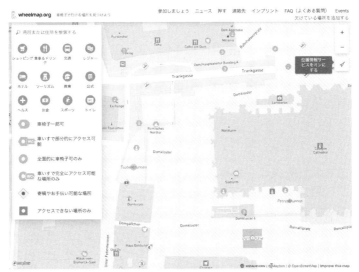

図14-6　車いす利用者のための Web マップ「Wheelmap」
〔出典：http://wheelmap.org〕

ある。近年では，OSM とデータ連携した派生プロジェクトの一つとして，車いす利用者の利便に特化した情報を共有する「Wheelmap」というプロジェクトも行われ（**図14-6**），自由な地図の需要は，福祉・まちづくり分野等にも浸透しつつある。

（2）クライシスマッピング

　OSM では，広く世界地図の作成を対象にしていることから，道路や建物，土地利用など基盤的で恒常的に存在するような地物（イベント時の仮設施設などは対象外）の共有が中心的である。しかし，災害発生直後の被災状況など，緊急事態を的確に地図で把握する活動として，クライシスマッピング（Crisis Mapping）という人道支援活動が，2010 年 1 月に発生したハイチ地震を契機に，世界的な活動として取り組まれる

ようになった（Meier, 2015）。特に，2011 年 3 月に発生した東日本大震災は，アジア圏では初めて大規模なクライシスマッピングが行われ，震災時に特別に提供された衛星画像や，緊急撮影された航空写真等を用いた被害状況の OSM によるデータ入力が活発に行われた。日本では，これ以外にも第 10 章で紹介された sinsai.info（現在は閉鎖）が，ICT に長けたボランティアによって即座に立ち上げられたことは特筆される。

　このようにクライシスマッピングは，まず OSM に代表されるような災害の被害状況を反映した現地のベースマップを整備・更新する活動として位置づけられる。加えて，SNS やさまざまな機関から Web を通じて発せられる情報を地図化する活動として行われ，これらが統合的に整備・共有・分析されて災害対応に用いられる。このような活動は，OSM から派生して設立された人道的活動チーム（Humanitarian OpenStreetMap Team：HOT）が，自然災害における被害状況の把握や，エボラ出血熱・COVID-19 など感染症に関係する都市インフラの

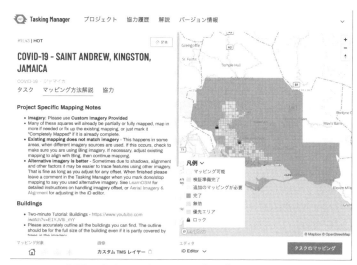

図 14-7　OSM を用いたクライシスマッピングのタスク管理ツール「Tasking Manager」の一例（ジャマイカの建物マッピングプロジェクト）
〔出典：https://tasks.hotosm.org/〕

地図作成など，人道支援にかかわるあらゆる側面で用いられるように
なってきている。

　特に HOT の活動は，OSM を用いたベースマップ整備を担い，国際
機関と協働することで，災害対応に有用な地理空間情報を収集するため
のデータモデルを構築し，これに準拠した現地調査ツールや操作ガイド
を整備する活動を行っている（**図 14- 7**）。これらの多くが Web 上で公
開され自由に再利用できるライセンスとして提供されることで，防災・
減災のツールとして役立てられている。

（3）景観画像のオープンな共有プロジェクト「Mapillary」

　OSM と同様に，近年大きな活動となりつつあるのが，景観写真の画
像共有プロジェクト「Mapillary」である。これは 2013 年に設立された
スウェーデンのベンチャー企業（2020 年 6 月に Facebook に買収され，
プロジェクト自体は継続）によって始まったもので，主に街路単位での
景観画像を共有するプラットフォームとして，OSM における活動と密
接に連携し，景観画像のオープンデータ化（原則的に CC-BY-SA 4.0）
と，高度な画像認識技術による物体検出に取り組んでいる活動である。

　2021 年 2 月時点で，190 の国や地域で 14.1 億枚以上の画像が共有さ
れ，GPS データと合わせて API（Application Programming Interface）
などを通じて OSM 上での地図編集の参考データとして利用できる。ま
た，機械学習用に 100 種類以上のオブジェクトに対してラベルが付与さ
れている 2.5 万枚の Vistas Dataset（**図 14- 8**）が研究者向けに提供さ
れており，草の根のユーザによって集められた世界中の景観写真が，自
動運転のための技術開発や機械学習のアルゴリズム向上に向けた基礎
データになっている。

図14-8　Mapillary Vistas Dataset の一例（左：実際の景観画像，右：機械
学習用に分類された画像）

〔出典：https://www.mapillary.com/dataset/vistas〕

3. オープンデータと地理空間情報

（1）地理空間情報のオープンデータ化と活用

　主に草の根による地理空間情報の共有が，多様な手法によって世界規模で広まっており，その多くが再配布や再利用などを可能とするライセンスとして広まっている。このような潮流は，国や地方自治体をはじめとする公的機関でも広まりつつある。これを象徴づける概念としてオープンデータ（Open Data）が挙げられる。庄司（2014）によれば「自由に使えて再利用もでき，かつ誰でも再配布できるようなデータのこと」と定義されている。オープンデータは，2009年の米国第一次オバマ政権において整備されたData.govが契機となり，ヨーロッパや日本においてもポータルサイトを用いて行政情報がオープンにされつつある。これらのデータは自由に利用できること以外にも，加工・集計前の原データ型式で公開し，機械可読な形式で整備することが推奨されており，先進的な英語圏の国々では，オープンデータを用いたアプリケーション開発への支援が長く行われてきた。

　地理空間情報とオープンデータに関係する注目すべき点として，2013年 6 月に開催された G8 のロックアーンサミットで「オープンデータ憲章」が締結されたことであろう。この憲章は，公的機関の活動・社会の実態を市民と共有するための透明性確保や，政府機関によって作成されるデータが基本的にオープンであるように強調された。これとともにオープン化を推進する高価値なデータセットとして交通・インフラデータ等と並んで，地図を中心とする地理空間情報が選定され，世界的な関心事になった（Sui，2014）。特に欧米諸国が中心となり，近年では日本でも，市民参加型によるオープンデータ実践の場として「アイデアソン（Ideathon）」や「ハッカソン（Hackathon）」と称されるアプリケーション開発に向けたイベントが頻繁に開催され，オープンデータ活用に対する市民参加の動機意欲を高める手法として重視されている。

　日本でオープンデータを公開している日本の地方自治体数は，2021年 4 月時点で 1,157 自治体（全体の約 65％）[2] に達し，人口 20 万人以上〜政令指定都市まで人口が多い主要都市では 95％以上の達成率となった。オープンデータ政策が日本で本格的に始まった 2010 年代前半の段階で，大規模な地理空間情報のオープンデータ化は，静岡県（杉本，2013）や室蘭市，鯖江市などの先行例に限られていたが，政府でガイドライン化が取り組まれる中で，「推奨データセット」として，各種公共施設の位置情報をはじめ，ボーリング柱状図や都市計画基礎調査情報などが挙げられ，さまざまな地方自治体でも展開されるようになった。

（2）オープンガバメントに向けた市民協働によるデータ活用
　オープンデータは，行政情報の自由な利活用のみが目標ではなく，行

---

[2] オープンデータ取組済自治体資料 https://cio.go.jp/policy-opendata

政業務の効率化やデータの開放を通じた市民協働といった，オープンガバメントが最終的な目標であるとされている（Goldstein and Dyson, 2013）。市民や民間と，自治体とのオープンデータを通した連携の仕組みは，政府 CIO ポータル「オープンデータ 100」（https://cio.go.jp/opendata100）で紹介されており，活動の参考になる。

　一例を挙げると「さっぽろ保育園マップ」（図 14-9）は，Code for Sapporo により 2014 年 10 月からサービスが開始され，札幌市内の保育園や幼稚園を地図検索できる。従来，保育園や幼稚園は行政上の管轄がそれぞれ異なっており，一元化された情報がなかったため，情報をさまざまなサイトから収集・整理することが困難であった。このサイトでは，保育園の所在地だけでなく開園時間や空き情報もマップ上で確認できるため，親の負担軽減に繋がることが期待される。また，このサイトの仕組みやデータフォーマットがオープンソースとして公開され，同じ

図 14-9　さっぽろ保育園マップ
〔出典：http://papamama.codeforsapporo.org/ 〕

仕組みを用いた類似のサイトがこれまでに 12 地域以上に展開されている点もオープンな活動としての特徴的である。

　このようなオープンガバメント活動の市民側の担い手として近年大きくなってきているのが「シビックテック」(稲継，2018) と称する，市民が情報技術やデータを活用し，地域課題の解決に取り組む活動である。日本では，全国のシビックテック活動の支援を行う Code for Japan をはじめ，Code for Kanazawa など地域やテーマごとに 80 以上の活動が存在し，地方自治体における課題に寄り添いながら，ICT 技術を活用した上で新しいサービスの創出や業務の効率化に向けたアプリケーション開発などに協働で取り組み始めている。

4. まとめ

　本章では ICT の世界的な展開に伴い，多くの人々がインターネットを介して地理空間情報の共有に向けた参加型活動を行っている事例を解説し，特に草の根コミュニティによる社会的な実践例に焦点を当てた。さらに，行政機関の業務効率化や透明性，市民との協働に向けた活動としてオープンデータ・オープンガバメントの潮流を取り上げ，地理空間情報の開かれた流通が重要視されつつあることを解説した。

216

参考文献

[1] 稲継裕昭編『シビックテック―ICT を使って地域課題を自分たちで解決する』（勁草書房．2018）
[2] 庄司昌彦「オープンデータの定義・目的・最新の課題」（智場 119：4-15．2014）
[3] 杉本直也「GIS による防災情報の発信とオープンデータへの取組―情報資産の活用力を高めよう！―」（都市計画 306：54-57．2013）
[4] 日本学術会議若手アカデミー『提言　シチズンサイエンスを推進する社会システムの構築を目指して』（日本学術会議，2020）
[5] ハウ，J. 著，中島由華訳『クラウドソーシング―みんなのパワーが世界を動かす』（早川書房，2009）．Howe, J. 2008. Crowdsourcing: Why the Power of the Crowd Is Driving the Future of Business. Crown Business.
[6] フリードマン，J. 著，斉藤千宏・雨森孝悦監訳『市民・政府・NGO―「力の剥奪」からエンパワーメントへ』（新評論，1995）．Friedman, J. 1992. Empowerment：the Politics of Alternative Development. Blackwell.
[7] 森嶋厚行『クラウドソーシングが不可能を可能にする』（共立出版，2020）
[8] 若林芳樹・今井修・瀬戸寿一・西村雄一郎編著『参加型 GIS の理論と応用―みんなで作り・使う地理空間情報』（古今書院，2017）
[9] Goodchild, M. F. 2007. Citizens as sensors：The world of volunteered geography. *GeoJournal* 69 (4)：211-221.
[10] Goldstein, B. and Dyson, L. 2013. *Beyond Transparency : Open Data and the Future of Civic Innovation,* Code for America Press, 316p.
[11] Grier, D. A. 2013. *Crowdsourcing For Dummies :* Wiley.
[12] Meier, P. 2015. *Digital Humanitarians : How Big Data is Changing the Face of Humanitarian Response*, Routledge, 259p.
[13] Sui, D. 2014. Opportunities and Impediments for Open GIS, *Transactions in GIS*, 18 (1)：1-24.

**学習
課題**

1．ユーザ参加型による地理空間情報の共有プロジェクトには，どのような活動があるか調べてみよう。
2．草の根型の地理空間情報作成プロジェクトであるオープンストリートマップには，どのようなデータが収集されているか身近な地域を例に考えてみよう。
3．オープンデータ，オープンガバメントにおける地理空間情報の役割について考えてみよう。

15 | 先端技術と人間生活の調和した未来の地理空間情報

関本義秀・川原靖弘

《目標＆ポイント》 本講義の最後として，生活における地理空間情報の未来像，日常の人間生活の中でどう調和して用いられていくかを概観したい。特に先端的な計測技術や人工知能の側面がある一方で，一市民の立場から見た不安感などに対してどう払拭し，協働していくものなのかを俯瞰したい。
《キーワード》 計測技術，個人情報，人工知能，市民協働

---

1. さまざまな先端的な計測技術

（1）空からの計測・制御の高度化

　すでにいくつかの章でも述べてきたように，空からの計測・制御について，最近では超高解像度のリモートセンシング技術や自ら飛行を制御するUAV（Unmanned Air Vehicle：無人飛行）技術が出てきており，時間的にも空間的にも精度が高くなってきている。例えば前者では，2014年6月にGoogle社がSkybox社を買収し，商業地球観測衛星SkySat（可視光／近赤外の解像度が0.85m）の画像を10月から非営利団体には無償で提供している（図15-1上）。また，日本が2014年5月に打ち上げた陸域観測技術衛星2号（ALOS-2，だいち2号）は合成開口レーダ（PALSAR-2）を搭載し，2015年には世界の5m解像度の標高（DEM）データを提供することになっている。

　さらに後者のUAVでは，Amazon社が配達用に小型無人飛行機での

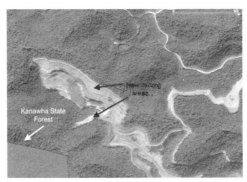

図 15- 1　空からの高度な計測・制御
（上：Google Skybox からの画像。新しい鉱山の様子なども詳細にわかる
〔出典：[1]より引用〕，下：Amazon 社による「Amazon Prime Air」の画像。
ドローンの下に小さい荷物があり，配達先の家の前に着地しようとしてい
る〔出典：[2]より引用〕）

配送サービス「Amazon Prime Air」を発表し，早ければ 2015 年にス
タートすると発表した（**図 15- 1 下**）。アメリカの連邦航空局（FAA）
の認可待ちだが，注文を受けてから 30 分以内に届けることを目標にし
ているという。

（2）地上からの計測・制御の高度化
　一方で，地上からの計測・制御ももちろん進んでいる。道路上の車と

いう意味では，2012 年 9 月にカリフォルニア州が Google 社に対して公
道での自動運転を許可する法案に署名をしてからもう数年が経ってい
る。このインパクトは大きく，世界のさまざまな所で自動運転が進めら
れるとともに，日本では特に隊列走行などの研究が進められており，
NEDO（独立行政法人新エネルギー・産業技術総合開発機構）では，
2013 年 2 月にテストコースでトラックが 4 m 間隔で走ることに成功し
たという発表があった（**図 15-2 上**）[3]。法制度的に言えば，ハンドル
とアクセルと両方を触らずに自動車を運転するのは道路交通法的には禁
止されているが，2012 年にはネバダ州では，先の Google のロボット
カーは免許交付を受けている。また，日本でも現在，政府の規制緩和政
策の一環でつくば市が 2011 年 3 月に「モビリティロボット実験特区」
として認定されており，つくばの市街地を中心としたエリアでセグウェ
イやロボットなどが公道を通行することが許可されている（**図 15-2
中**）。

　最後に，建設現場や農場でも自動化は進んでいる。これは主に，経済
効率性を重視してのものであるが，単位面積あたりにかける作業時間だ
け見ても，例えば，従来は発育上の問題からコメは苗に育ててから植え
る形を取っていたが，自動化に合わせて直接コメを撒けるように，鉄で
加工をする形などをとることと組み合わせて自動化する直播（じかま
き）で作業の効率化が大幅に見られるようになってきた（**図 15-2 下**）。

図 15-2　地上のさまざまな分野の自動運転

（上：トラックによる隊列走行。自動的に車両間隔を 4 m おきに保ちながら
走行している〔出典：[3]より引用〕。中：セグウェイを使った走行。つくば市
はロボット特区であるため可能となっている〔出典：[4]より引用〕。下：（株）
クボタによる自動化農業の様子。コメの苗ではなく直接，コメを撒けるよう
にして，作業の効率化を図る〔出典：[5]より引用〕）

（3）人々の行動の計測

　また，人々の行動も単に GPS や加速度計で位置や方向をとるという
だけではなく，細かいレベルの計測も質が高くなってきている。ここで
は 2015 年 2 月にハーバードビジネスレビューに「歴史に残るウェアラ
ブルデバイス」としても取り上げられた日立製作所の「ビジネス顕微
鏡」の事例を紹介したい（ビジネス顕微鏡の詳細は[6]を参照のこと）。
これは，複数のセンサデバイスを内蔵した名札型センサを付けた社員同
士が一定の距離範囲に近づくと，通信して対面したことを検知しつつ，
お互いの対面時間や体の行動リズムをサーバに蓄積することにより，企
業内コミュニケーションや活動状況を図る（図 15-3 上）。実際に，図
15-3 下では，ある職場のコミュニケーションが 2 つに分断されていた
ものが，ワークショップを実施した後に，コミュニケーションが進んだ

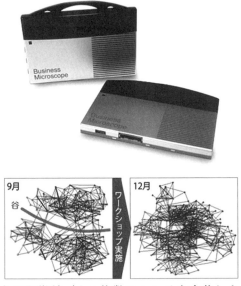

図 15-3　ビジネス顕微鏡（上：複数のセンサを内蔵した名札型センサ，
　　　　下：名札型センサを用いた職場におけるコミュニケーションの変
　　　　化状況の把握）
〔出典：放送大学印刷教材「生活における地理空間情報の活用（'16）」より引用〕

様子がよくわかる。こうした人間を中心とした職場等の集団の活動改善
などに使われるケースも増えるだろう。

2.　人工知能技術の普及とその先

（1）深層学習によるブレークスルーとデータの重要性

　皆さんも人工知能（AI）という言葉は聞いたことがあるだろう。重
要な点は与えたデータから何かを学び，自分で推定できるようになる点
である。簡単なことで言えば，ある画像を与えてこれをリンゴや人と自
動的に判定することであるし，最近では 2015 年に Google の Alpha Go
というプログラムが世界の碁の名人にハンデ無しで勝ったという話を聞
いたことがあるかもしれない。これもコンピュータが過去の多くの棋譜
を学び，名人でも考えつかないパターンを思いつくことにより，逆に囲
碁の世界に新しいパターンを生み出すようなことも起こっている。

　データから何かを学ぶ際に，何らかのモデルのパラメータや特徴量を
定義し，それらを推定すること自体は機械学習（Machine Learning）
と言われ，古くからある概念である。しかし特徴量を何にするべきか，
というのは対象の特性によるので，そこをアドホックな形で定義せざる
を得なかった。一方で，与えたデータと結果のラベル（例えばリンゴや
人と言った情報や囲碁で次の手をどのように打ったかなど）の対応関係
をなるべく精度よく対応づけようとして開発されてきたものが，ニュー
ラルネットワークと呼ばれるものである。しかしそれはまた，各ニュー
ロンの重みを機械的に推定するものなので，与えたデータを過学習する
傾向にあり，新しいデータを与えたときにうまく推定できないケースも
あった。

　そのような中で 2000 年代以降にヒントンらに開発された多層型の
ニューラルネットワーク（深層学習）により，特徴量そのものもうまく

224

学習することに成功し，汎用性を確保し，大幅に精度が向上し，ビジネスレベルでも広く活用されるようになった。

　ただ，これらはデータがないと何もできないのも事実である。一般には推定するのにある程度の精度を得るには，数百枚〜数千枚が必要とも言われている。例えば，生活に身近な道路空間の認識，とくにポットホール，ひび割れ，亀甲状クラックのような道路損傷は車にとっても重要であるし，今後自動運転が普及してくるとさらに重要なものであるが，そういうものでさえもデータはなかなか得づらいものである。そうした中で**図 15- 4** は筆者らが日本国内でいくつかの自治体と連携して，道路管理車両を通じて道路画像を収集し，約 1 万枚の道路損傷画像に上

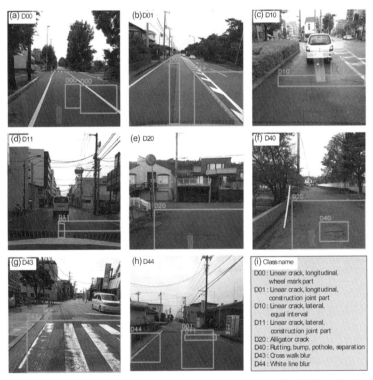

図 15-4　深層学習によるスマートフォンからの道路損傷の検出
〔出典：[6]より引用〕

のようなラベルを付け，2018 年に Github というサイト上で公開したものである（詳細は[6]を参照のこと）。これらによって多くの国の研究者が使うようになっている。

（2）GAN による疑似的なデータ生成（フェイクデータ）

　しかし，深層学習のような形で推定精度が上がってくると，類似画像を生成するようなことも可能になる。フェイクデータという言葉を聞いたことがあるだろうか？　本人が実際に何か行動した画像でもないのに，本人の画像のように見せたりするものである。こうした技術は GAN（Generative Adversarial Network：敵対的生成ネットワーク）と呼ぶものである。もちろん，フェイクデータのような話は悪用に結びつく恐れもあるので，倫理的な対策も必要である。しかしその一方で，いい方向で使うことも考えていくことは重要である。

　例えば（1）で道路損傷画像の話をしたが，実際の道路管理ではポットホールのような損傷は事故につながる可能性があるためいち早く知りたいものの，修繕するとすぐにもとに戻ってしまうので，第三者がポットホールの画像を見つけるのは意外と難しい。そうした場合には既存の収集画像を，うまく GAN によって加工した形で使える可能性もある。**図 15-5** はどれだけ混じっているかを示したものである。実際に保有している 1200/800/400 枚のポットホールの画像に対して，GAN で生成し

		Available data (images)		
		1,200	**800**	**400**
Additional data	0%	0.39	0.33	0.32
	50%	**0.41**	**0.37**	**0.37**
	100%	0.28	0.34	0.34

図 15-5　GAN により疑似的に生成されたデータを混ぜて教師データとして利用した場合の推定精度（F 値の値）
〔出典：[7]より引用〕

た類似画像を全く混ぜない場合（0％），50％あるいは100％生成して
混ぜた場合（50あるいは100％），50％が最も精度が良いことがわかり，
全く混ぜない場合や，混ぜ過ぎた場合よりも適度な生成レベルが良いこ
とがわかっている。

（3）当事者意識を高める真の市民協働型社会に向けて

　最後に，人工知能が普及すると何でも自動にできて，ロボットに支配
されて怖い，と感じる人もいるかもしれない。シンギュラリティ
（singularity：技術的特異点）という言葉もあり，レイ・カーツワイル
は2005年に著書で，2045年頃に意思を持った人工知能が人類に代わっ
て文明進歩の主役になるかもしれない，と述べたものである。ここでは
これ以上深くは触れないが，普段の生活としては我々はどのように人工
知能と向き合っていくとよいだろうか。

　図15-6は，千葉市が2014年8月から行っていた「ちばレポ」と呼
ばれる市民協働レポートのアプリによって市民がまちの不具合等に対し
て投稿したものである。これは公開サイト上でマッピングされている
が，市民がまちに対する苦情等を伝えるときには電話や市役所の窓口に
行くことが多かっただろう。しかし，電話や窓口で不具合の状況や場所
を正確に伝えることは意外と難しく，伝える市民側も受ける市役所の職
員も特定に時間がかかり，お互いにストレスのかかることとなってしま
う。一方で，アプリで市民から画像とGPS等による位置情報と一言の
メッセージが付いていると，受け取る職員の方もわかりやすく，電話よ
りは対応を協議してから落ち着いて回答をすることもできる。こうした
市民協働は第14章でも詳しく述べてきたように，IT時代に市民とまち
をつなぐ有効なツールであり，2019年度以降，My City Reportという
形で全国化され，11の自治体に広まっているが，今後，さらに増えて

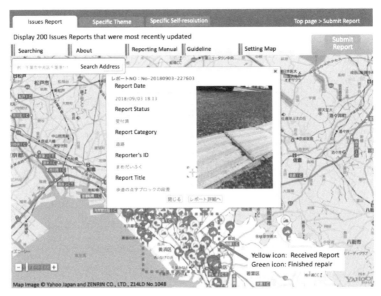

図 15-6　ちばレポによって投稿された画像
〔出典：〔8〕より引用〕

くるものと思われる。

　この My City Report の仕組みで重要なことは市民が投稿するだけではなく，例えば道路管理をする側の職員も日々走行するパトロール車のダッシュボード上にスマートフォンを載せ，道路管理者用のアプリを用いて，走りながら取得される画像をもとに道路損傷を深層学習で自動検出しているということである。これは（1）や（2）で述べた技術がもとになっているが，まちの不具合の投稿を市民に求めるだけでは，本来，市役所がすべき仕事を市民からの労働搾取でカバーしていると思われる可能性もあり，市民側も協働とは思われない可能性もある。そういう意味で，道路管理者も日々のパトロールの中でできる効率化，IT 化を進めていくべきであり，市民協働の意識を醸成していくための好例と

言えよう。

3. 社会をよりよくするために

本テキストでは，第2〜5章までは地理空間情報の基礎的な技術，第6〜13章までは個別分野における地理空間情報の利用技術，第14〜15章は将来的な姿を描いてきた。

今から10年後の2030年，あるいは20年後の2040年には地理空間情報に関する技術がどれだけ進歩・普及するだろうか。一方で，社会のどのような課題が解決され，まだ解決されない，あるいは新しく出てくる社会の問題は何だろうか。皆さんでもよく考えてみて欲しい。

4. まとめ

本章では，最後のまとめの章として，地理空間情報の先端的な計測技術を紹介するとともに，一方で人工知能等，自動化の技術が増えていく中で社会の課題にどう寄与し，未来への不安感をどう払拭していくかについて俯瞰し，先端技術と人間生活の調和した地理空間情報の将来像を描いた。

参考文献

[1] Google Skybox の記事（ASCII.jp×デジタル，2014年10月29日）http://ascii.jp/elem/000/000/947/947865/
[2] 「Amazon，ドローンでの配送サービス「Prime Air」構想を発表」（ITmedia NEWS，2013年12月2日）http://www.itmedia.co.jp/news/articles/1312/02/news056.html

［3］「大型トラックの自動運転・隊列走行実験に成功―エネルギー ITS プロジェクトの事業成果を公開―」（NEDO ニュースリリース，2013）http://www.nedo.go.jp/news/press/AA5_100178.html

［4］ロボット特区実証実験推進協議会 HP，http://council.rt-tsukuba.jp/

［5］中谷安信「農業機械における新技術動向とフルードパワーへの期待」（フルードパワー，Vol. 28，No. 4，2014）

［6］Maeda, H., Sekimoto, Y., Seto, T., Kashiyama, T. and Omata, H.: Road Damage Detection and Classification Using Deep Neural Networks with Smartphone Images, Computer-Aided Civil and Infrastructure Engineering, Wiley, Vo.33, No.12, pp.1127-1141, Available online 30 June 2018.

［7］Maeda, H., Sekimoto, Y., Seto, T., Kashiyama, T. and Omata, H., Generative adversarial network for road damage detection, Computer-Aided Civil and Infrastructure Engineering, Wiley, Vo.36, pp.47-60, Available online 2 June 2020.

［8］Toshikazu Seto, Yoshihide Sekimoto, Trends in Citizen-Generated and Collaborative Urban Infrastructure Feedback Data：Toward Citizen-Oriented Infrastructure Management in Japan, ISPRS International Journal of Geo-Information, Vol.8, No.3, 2019.

学習課題

1．空からの計測，制御に関する課題は何か考えてみよう。
2．人工知能の技術によりどのように社会は変わるか考えてみよう。
3．今から 20 年後，例えば 2040 年には地理空間情報に関する技術としてどのようなものが普及しているだろうか。

索引

●配列は五十音順，＊は人名を表す。

分担執筆者紹介

瀬戸　寿一（せと・としかず）

・執筆章→2・14

1979 年	東京都に生まれる
2012 年	立命館大学文学研究科博士課程後期課程修了
2013 年	東京大学空間情報科学研究センター特任助教
2016 年	東京大学空間情報科学研究センター特任講師
2021 年	駒澤大学文学部地理学科准教授，現在に至る
	博士（文学）
専攻	社会地理学，地理情報科学
主な著書	バーチャル京都（分担執筆　ナカニシヤ出版）
	京都の歴史 GIS（分担執筆　ナカニシヤ出版）
	参加型 GIS の理論と応用〜みんなで作り・使う地理空間情報（共編著　古今書院）
	環境問題を解く〜ひらかれた協働研究のすすめ（分担執筆　かもがわ出版）

長井　正彦（ながい・まさひこ）

・執筆章→5・11・13

1971 年	群馬県に生まれる
1996 年	St.Cloud State University（米国ミネソタ州）理工学部卒
2001 年	Asian Institute of Technology（タイ国）修士課程修了
2005 年	東京大学大学院工学系研究科社会基盤工学専攻博士課程修了
2005 年	東京大学空間情報科学研究センター特任研究員
2010 年	宇宙航空研究開発機構（JAXA）衛星利用推進センター主任研究員
2014 年	東京大学空間情報科学研究センター特任准教授
2016 年	山口大学大学院創成科学研究科准教授
現在	山口大学大学院創成科学研究科教授
	山口大学応用衛星リモートセンシング研究センター　センター長
専攻	リモートセンシング・GIS，空間情報工学，データサイエンス

山田　育穂 （やまだ・いくほ）
・執筆章→8・9

1974 年	東京都に生まれる
2004 年	New York 州立大学 Buffalo 校地理学科博士課程修了
2004 年	IUPUI 大学 Indianapolis 校地理学科および情報科学部助教授
2006 年	Utah 大学地理学科助教授
2010 年	東京大学空間情報科学研究センター准教授
2011 年	東京大学大学院情報学環准教授
2013 年	中央大学理工学部教授
2019 年	東京大学空間情報科学研究センター教授，現在に至る
	Ph.D.（地理学）
専攻	空間情報科学，都市空間解析，医療健康地理学
主な著書	*Statistical Detection and Surveillance of Geographic Clusters.*（共著 CRC Press）
	空間解析入門 —都市を測る・都市がわかる—（共著 朝倉書店）
	あいまいな時空間情報の分析（分担執筆 古今書院）

編著者紹介

川原　靖弘（かわはら・やすひろ）
・執筆章→1・4・11・12・15

1974 年	群馬県に生まれる
2000 年	京都工芸繊維大学繊維学部応用生物学科卒
2005 年	東京大学大学院新領域創成科学研究科環境学専攻博士後期課程修了
同年	東京大学大学院新領域創成科学研究科助手/助教
2010 年	神戸大学大学院システム情報学研究科特命講師
2010 年	東京理科大学総合研究機構各員准教授（2012 年まで）
2011 年	放送大学教養学部，大学院文化科学研究科准教授，現在に至る
	博士（環境学）
専攻	システム工学，環境生理学，健康工学
主な著書	ソーシャルシティ（共著　放送大学教育振興会）
	生活環境と情報認知（共著　放送大学教育振興会）
	AI 事典［第 3 版］（共著　近代科学社）
	人間環境学の創る世界（共著　朝倉書店）

関本　義秀（せきもと・よしひで）
・執筆章→1・3・6・7・10・15

1973 年	神奈川県に生まれる
2002 年	東京大学大学院工学系研究科社会基盤工学専攻博士課程修了
同年	国土交通省国土技術政策総合研究所情報基盤研究室研究官
2007 年	東京大学空間情報科学研究センター特任講師
2010 年	東京大学空間情報科学研究センター特任准教授
2013 年	東京大学生産技術研究所准教授
2020 年	東京大学空間情報科学研究センター教授，現在に至る
2021 年	東京大学デジタル空間社会連携研究機構長（兼任）
	博士（工学）
専攻	空間情報学，都市情報学，社会基盤情報学
	人の流れプロジェクト，アーバンデータチャレンジ等を主宰
主な著書	地域を支える空間情報基盤〜クラウド時代に向けて（監修　日本加除出版）
	地理情報科学― GIS スタンダード（共著　古今書院）
	地理空間情報活用推進基本法入門（共著　日本加除出版）
	社会基盤・環境のための GIS（共著　朝倉書店）

放送大学教材 1170058-1-2211（テレビ）

地理空間情報の基礎と活用

発　行　　2022 年 3 月 20 日　第 1 刷
編著者　　川原靖弘・関本義秀
発行所　　一般財団法人　放送大学教育振興会
　　　　　〒 105-0001　東京都港区虎ノ門 1-14-1　郵政福祉琴平ビル
　　　　　電話　03（3502）2750

市販用は放送大学教材と同じ内容です。定価はカバーに表示してあります。
落丁本・乱丁本はお取り替えいたします。

Printed in Japan　ISBN978-4-595-32326-3　C1377